城市商业中心建筑设计方法

姜 涌 邱可嘉 侯新元 刘明正 著

清华建构系列丛书
Tsinghua's Architectural Construction

中国建筑工业出版社

Method and Process
in Design of Urban
Shopping Center

图书在版编目（CIP）数据

城市商业中心建筑设计方法／姜涌等著 . — 北京：
中国建筑工业出版社，2014.12
清华建构系列丛书
ISBN 978-7-112-17397-6

Ⅰ.①城…　Ⅱ.①姜…　Ⅲ.①城市商业 — 商业 — 服
务建筑 — 建筑设计　Ⅳ.①TU247

中国版本图书馆CIP数据核字（2014）第251193号

责任编辑：徐　冉　张　明
责任校对：陈晶晶　关　健

清华建构系列丛书
城市商业中心建筑设计方法
姜涌　邱可嘉　侯新元　刘明正　著

*

中国建筑工业出版社出版、发行（北京西郊百万庄）
各地新华书店、建筑书店经销
北京京点图文设计有限公司制版
北京中科印刷有限公司印刷

*

开本：880×1230毫米　横 1/16　印张：9　字数：250 千字
2015 年 6 月第一版　2015 年 6 月第一次印刷
定价：**36.00**元
ISBN 978-7-112-17397-6
（26124）

第一章 商业中心概述

1.

人类的需要（need）是商业的基石。所谓需要是指人们感到缺乏并渴求满足的一种状态，包括对食物、衣服、保暖和安全的基本物质需要，对归属感和情感的社会需要，对知识和自我实现的个人需要等。消费者依据个人需求与支付能力来选择并购买能最大限度满足其需要的产品。产品和服务（统称为商品），从而形成有效的需求（want，demand）。因此，需求不等于需要。形成需求有三个要素：对商品的偏好、商品的价格和支付能力。需要只相当于对商品的偏好，但是没有支付能力的购买意愿并不构成需求。

消费行为的核心问题是消费者购买动机的形成问题。消费者自身的欲望是驱策其购买商品的主因，它既产生于人的内在需要，又受到外部环境的刺激，内外因素相互影响，共同作用，最终决定了消费者的购买意愿与活动。

个人的物质或精神需求通过购买活动而得到满足。现代营销观念（marketing concept）认为，实现营销目标的关键在于正确确定目标市场的需求，并比竞争者更有效地满足顾客的需要和欲望。在营销观念下，商业成功与否不仅取决于企业自身，还在于整个价值链满足最终用户需要的程度，事实证明得到顾客的关注和顾客价值才是销售和获利之道。

美国消费心理与行为学家D.I.霍金斯的消费者决策过程模型将心理学与营销策略相互整合，它为我们描述消费者特点提供了一个基本结构与过程的概念性模型：消费者在内外因素的影响下形成自我概念和生活方式，而后消费者的自我概念和生活方式导致一致的需要和欲望，这些需要和欲望大部分要求消费行为，即获得产品和服务来得到满足与体验。同时这些需要和欲望也会影响今后的消费心理与行为，特别是对自我概念和生活方式的调节与变化有着重要作用。

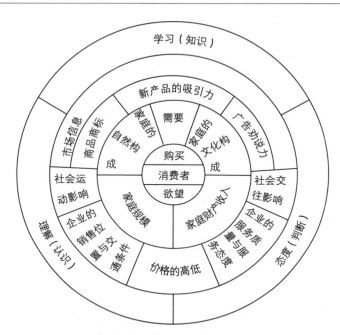

图1 消费行为的内在和外在因素

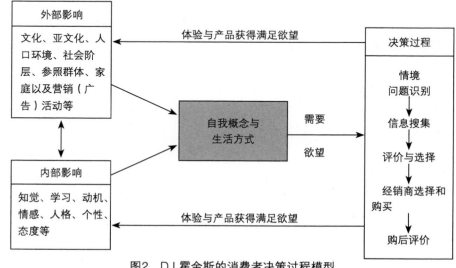

图2 D.I.霍金斯的消费者决策过程模型

所谓商业建筑，就是为商品交易服务的容器，为买卖双方提供了信息交流和商品交易的空间，在个人需求与商品消费之间建立了联系，并以完成最终交易为根本目标。

随着经济的发展，社会化大规模生产在满足基本生活需求之外还带来了大量的"多余商品"，进而促使人们开始无节制的消费。因此，如今的购物者不再单纯地基于理性进行买卖活动，而是在不断的刺激与诱导中购买那些并非迫切需要的商品，可以说购物者的冲动消费构成了现代商业繁荣的基础。同时，消费行为也开始从"被动吸引"向"主动参与"转变，"购物"逐渐被视为一种富于吸引力的休闲活动，消费者所购买的不仅是商品，同时也是在购买这种愉悦的购物体验。

这种全新的商品交易模式区别于以往的街店和集市，它不以人的生活必需为基础，相反，它是在不断地为参与其中的人们制造额外的需求和购买欲。换言之，现代商业大量依赖于冲动型消费——仅凭直观感觉与个人情绪去购买那些非必需或计划之外的商品，这一过程是可以被人为地诱导和催化的，这是现代商业建筑存在的前提。

表1　影响消费者购买决策的因素

外部环境	个人因素	商品
社会	性格	价格
经济	爱好	质量
文化	收入	服务
政治	习惯	信誉
	生活习惯	促销

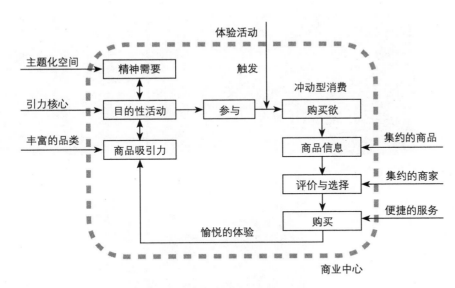

图3　现代商业中心的商品交易模式

在商品交易的过程中，人们遵循着"产生购买欲—收集商品信息—评价与选择—购买商品"的既定流程，而所谓"逛街"就是这一过程在人们具体行为上的表现形式。这种"逛街"活动将整个商品交易过程有机地串联起来，使之变得连贯而顺畅。

人是在行进中逐步完成商品交易的，而且只要参与其中的人们还没有感到厌倦，"逛街"这种购物方式就可以让商品交易不断地延续下去，周而复始。当新的商品信息或刺激出现，人们就会不自觉地投入到下一次的交易活动中去，而不受之前已有的购物经历的影响与阻碍。可以说，"逛街"活动是刺激冲动消费最有效的方式，它所营造的商业环境与购物体验使得这一过程被不断地强化与重复，并由此引发了零售商业的一系列改变。

因此，商业建筑的作用就是顺应商品交易的规律，对人群中原本无序的"逛街"活动进行有目的的引导，并在过程中不断制造新的购买欲望，最终完成交易行为。从古代的商街集市到现在的超市百货，都是建筑设计在既有条件下对"逛街"这一活动的应对形式。

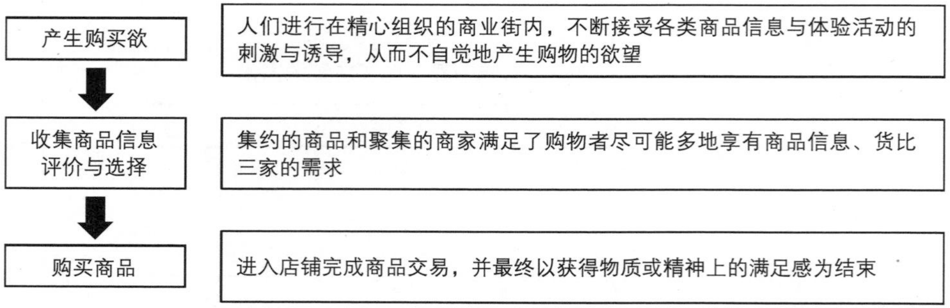

产生购买欲	人们进行在精心组织的商业街内，不断接受各类商品信息与体验活动的刺激与诱导，从而不自觉地产生购物的欲望
收集商品信息 评价与选择	集约的商品和聚集的商家满足了购物者尽可能多地享有商品信息、货比三家的需求
购买商品	进入店铺完成商品交易，并最终以获得物质或精神上的满足感为结束

图4 "逛街"对于商品交易过程的组织

图5 悉尼维多利亚女皇大楼

图6 北京西单大悦城

图7 香港又一城

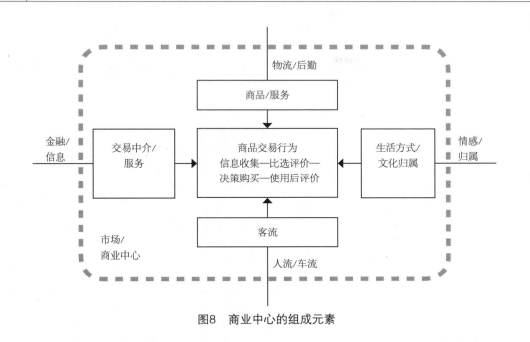

图8　商业中心的组成元素

表2　商业中心满足购物者需求的方式

需求层次	主要内容	实现手段	典型案例
物质需求的满足	便捷、全面、一站式购物和服务	店铺种类齐全，购物、餐饮、娱乐等店铺种类齐全、数量多，便于信息收集和比选商品	北京万达广场
情感和风情体验	风情化的建筑环境和主题化的体验情境	建筑设计及商品均作为信息媒体，提供异域体验和新奇刺激，激发消费欲望	北京蓝色港湾
生活样式的定义与学习	生活样式的秀场和时尚标杆	商品品质和特色成为生活样式的标杆，成为时尚风向的发祥地、制高点，成为生活样式的意见领袖和定义者	北京东方广场
自我实现与身份确认	自我身份的确认和亚文化的社会归属感	精选的品牌商品和个性的商业环境，营造社会阶层的确认和认同的氛围	北京华茂中心 北京国贸中心 北京西单大悦城

　　商业建筑（commercial building）的本质是商品交易和价值交换的场所，它通过展示、体验、后勤保障等手段促成消费行为的发生，即使得从商品储藏、展示到体验、交易、服务等一系列的商业生态系统的效益最大化。

　　正如现代商业营销围绕客户需求而展开，商业建筑作为商品交易的场所，同样也应以满足商业活动与消费者的多重需求为核心。因此，对于商业建筑的开发设计必须以现实的商业需求为导向，符合人们的消费心理与行为习惯，即为购物者在商品交易中获得物质满足、情感体验、自我实现和身份确认等提供有利的支撑，从而在不同层次需求上触发购买行为。从某种程度上来说，商业中心也和商品一样，其设计开发根据消费者的需求量身定制就是其自我营销的过程。

商业中心（又称为购物中心，shopping center）的定义实际上是一个边界模糊的零售概念，它随着商业的发展和交易模式的改变而不断产生新的内涵，并在不同地区形成本土化的特征。因此，不能单纯地从规模体量、空间形式或商品特征、服务方式等可变因素来定义商业中心。

目前，国内外对于商业中心的定义虽然不一而足，但是从商品交易的角度来说，商业中心仍然具有区别于其他零售类型的鲜明特征。结合我国的实际国情，关于商业中心的定义可以归纳为以下几个基本要素：

1. 产权归属

早期，国内对于商业地产的开发仍然延续住宅地产开发的思路，对商业中心进行分割出售。这样的开发模式虽然可以较快地盈利，但是由于后期缺乏统一有效的管理，易造成经营混乱、竞争无序的状态，最终难以为继。因此"持有物业"逐渐成为商业地产开发的主流。然而，由于商业地产投资规模大，迫于资金回笼的压力，现在的地产开发通常采取核心商业只租不售，而其他住宅、写字楼以及附属商业则对外销售，实行"房地产开发补贴商业经营"的模式。

2. 服务内容

不同的业态组合方式取决于商业中心的经营理念和周边环境，比如：零售业的吸引半径最小，但租金能力最强，建设成本低；餐饮业的商圈稍大，租金也居中，但由于人工、物料、设备的需求，成本要求较高；娱乐业的吸引半径最大，但租金和收益也最低。合理的服务组合与业态配比不仅可以帮助商业中心聚拢人气，还能使整体收益最大化。

3. 交通依附

随着商业规模的增大和服务人群的增加，商圈的范围逐渐扩展，它对于交通的依附性也日益增强。不同于北美的郊区购物中心，由于城市消费力的集中和居民传统的购物习惯，国内的商业中心主要位于城市中心地带，公共交通仍然是最主要的购物出行方式。便利的交通设施是商

表3   商业中心的定义

	特点	要素
产权归属	统一的开发、管理和运营主体； 整体的经营效果	"分散经营，统一管理"有利于商业中心业态组合的优化与整体优势的发挥； 租金收入和地产增值可为企业带来长期而稳定的收益
服务内容	兼具零售、餐饮、休闲、娱乐等功能； 多业态组合的商业集合体	大型主力店及其他小型专业店组成； 利用多业态复合的特点为购物者提供"一站式"的服务
交通依附	为顾客提供便捷的交通设施； 聚集和疏散大量客流	通常靠近地铁交汇站或公交枢纽； 可提供免费的班车接送； 商业中心应邻接城市干道，并根据自身规模提供相应数量的停车位
规模体量	单体建筑物或建筑群的形式存在	5万m²以内的购物中心定义为社区购物中心； 10万m²以内为市区购物中心； 10万m²以上则为城郊购物中心； 商业中心的面积在3万m²以上，其具体规模应根据商圈、定位以及经营内容而定

图9   北京新中关AB两座四分组合结构

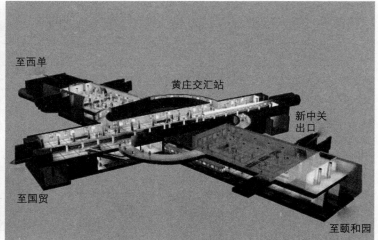

图10   北京新中关依附地铁

业中心开发选址的重要依据。

4. 规模体量

目前，对于商业中心的体量没有明确的限定，但在国家标准《零售业态分类》中有相关定义。一般来说，商业中心的面积在3万㎡以上，其具体规模应根据商圈、定位以及经营内容而定。

由以上四个基本要素，可以总结出国内商业中心的一般定义：商业中心是由开发者统一开发、运营、管理的零售店铺与服务设施的集合体，由各类核心商店、专卖店以及餐饮、娱乐、文化、金融服务等设施构成，通常选址在城市中心或郊区的交通要道，并拥有相应规模的停车场，其建筑规模和体量因商业定位而不同。其中，统一开发、统一管理、分散经营是商业中心的核心与精髓，也是其商品交易中最显著的特征。

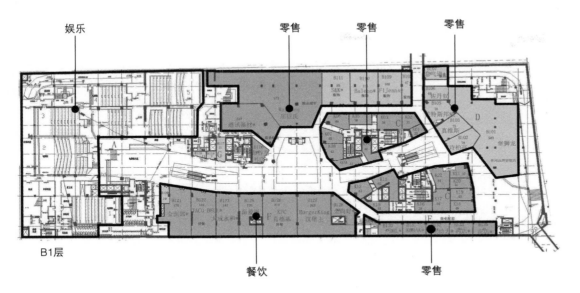

B1层

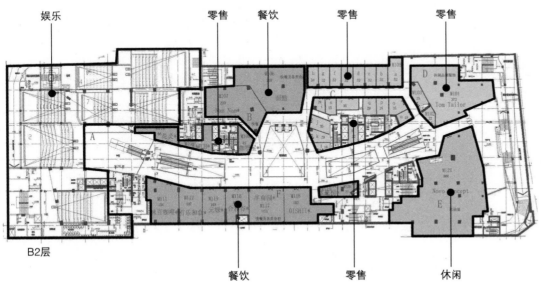

B2层

图11 北京新中关——兼具零售、餐饮、休闲、娱乐等功能的多业态组合的商业集合体

此外，近年来商业地产的开发逐步从沿街店铺、百货店、超市向大型、复合、一站式、体验型转变。相比于传统的百货与超市，新兴的商业中心内增加了游乐场、影院、教育培训、美容护理等体验型内容，同时还融合了经济、文化、休闲等一系列的社会活动，并不断触发业态间的相互反应与作用，从而形成包含多种业态、高度密集的城市生活核心功能区——城市综合体（HOPSCA）。

城市综合体集酒店（hotel）、写字楼（office)、生态绿地（park）、购物中心（shopping－center)、会所及会务（convention）、公寓（apartment）为一体，并在各部分间建立相互依存、助益的能动关系，从而形成复合、高效、多时段多目的的集约城市（compact city）。

城市综合体可看作是"城中之城"，它把商业中心所带来的聚集效应体现在周边的附属建筑上，形成了集约化的土地利用，是实现城市多功能复合、减少各功能间交通、缓解大城市交通拥挤的有效方式。同时，随着城市化的发展和土地价格的上升，城市综合体也是体现城市中心区价值、满足都市生活需求的先进的解决方案。

表4　商业中心/购物中心的定义

机构	定义
国际购物中心协会	①被作为整体来进行统一规划、统一开发、统一运营、统一管理的零售店铺与配套设施的联合体拥有自己的停车场； ②其规模和店铺数量会因目标商圈的大小而有所不同
美国国际购物中心协会（1960年）	①计划、设立、经营都在统一的组织体系下运作； ②适应管理的需要，产权要求统一，不可分割； ③尊重顾客的选择权，实现一次购足（one stop shopping）的目的； ④拥有足够数量的停车场； ⑤有更新地区或创造新商圈的贡献
2005年《泛欧购物中心标准》	①由零售商店及其相应设施组成的商店群体； ②作为一个整体进行开发和管理； ③通常包括一个或多个大型的核心商店，并有众多小商店环绕其中； ④有庞大的停车设施，其位置靠近马路，顾客购物来去便利
日本购物中心协会	①以土地开发者为主体，有计划地建设的包括零售业、饮食业、服务业等集团设施在内的中心； ②其运营必须在统一管理的基础上进行共同活动； ③具有能使顾客在一站购齐所需物品的机能
中国国家标准《零售业态分类》	①在由企业有计划地开发、管理、运营的一个建筑物内或一个区域内，向消费者提供综合性服务的商业集合体； ②多种零售店铺、服务设施

商业中心的类型多种多样，根据不同的标准有不同的分类方式，如交通、环境、规模、区位、功能、经营方式、主题定位等。

为了辨析和理清商业建筑的分类与相关名词，在此引用"现代营销学之父"——美国营销专家菲利普·科特勒的零售业分类法，根据商业的服务方式、产品线、价格、组织控制、商店聚集等特征因素对商业建筑进行分类。科特勒零售业分类法几乎涵盖了零售业中所有的传统商业类型，从中我们可以清楚地梳理各类商业中心的名称与类型特征。按照最常用的分类方法，商业中心可以根据其商圈大小和建筑规模分为邻里型、社区型、区域型、城市型和超级区域型。然而随着商业的不断发展，商业中心从选址、定位到设计、招商都开始趋向于多元化、个性化，传统的分类方法已经很难作为分类的依据，我们需要从更本质的角度来对商业中心进行区分，即根据商业策划与定位进行分类。

商业中心的成败直接取决于消费者的认可程度，因此必须对其目标客群和主题业态有准确的选择和定位，依据其特定的需求做出相应的策略，并以此作为后续设计、招商、运营工作的基础和指导原则。所以，目标客群和主题业态的选择直接决定了商业中心的租户类型、选址、规模、空间特征、设计特点等一系列内容，相同的策划与定位使得不同的商业中心间具有最大的共性，对于建筑设计有着最直接、最重要的指导意义。

由于商业的策划定位与建筑设计的要求密切相关，因此从这一角度来对商业中心进行分类，可以更好地反映出其本质特征与属性。据此，我们可以将商业中心分为邻里生活型、休闲购物型、娱乐度假型和交通依附型。

表5 科特勒零售业分类法

标志	服务方式	产品线特征	价格特征	组织控制特征	商店聚集特征
分类	完全自动 有限服务 完全服务	专业店 百货商店 超级商店 便利商店 超级市场 综合商店 特级市场	折扣商店 仓储商店 目录展销店	所有权连锁 自愿连锁 零售合作社 特许经营 商店集团 消费合作社	中心商业区 区域购物中心 社区购物中心 临近购物中心

图12 7-11便利商店

图13 悉尼奥特莱斯DFO展销店

邻里型商业中心的主要客群是居住在周边的居民，它将"10分钟商圈"（即半径500～800m，公共汽车一站或城市轨道交通一站的距离）作为开发经营的基本理念。邻里型商业中心为居民提供了便利的商品零售和生活服务，满足了日常生活的基本需求，它通常作为大型社区的配套设施而存在。因此，便捷性、服务性是邻里型商业中心的核心，在设计中不以彰显个性为目标，而是更注重空间的实用性、高效性以及便捷性。在业态组合上，邻里中心往往以生活类超市为主，同时辅以食品、服饰、生活服务等专业商店。社区便利店可看作是邻里型商业中心的极致，它在有限的空间内高效地集中了日常生活所需的各类商品，有时甚至还会提供临时的餐饮服务和就餐区。

休闲购物类的商业中心通常位于城市或区域的繁华商业区内，并与其他同业者一起形成"商圈共荣"的效应，极大地扩展了自身的商圈与吸引力范围，成为城市居民在周末购物休闲的场所。与邻里型追求快捷高效的购物不同，休闲购物型商业中心为区域级（商圈半径为1500～3000m）或城市级（商圈覆盖全市或周边地区），强调提供的是超出日常生活基本需求之上的购物需求，强调的是一个"逛"字，即在漫步的过程中触发非目的性的消费，并让顾客感受到购物的乐趣。但同时，由于商业中心与其他零售商之间存在分享人流的竞争关系，因此在千篇一律的零售业中突出商业中心自身的特色，营造宽松、舒适而又个性化的购物空间，实现差异化、错位化的经营，是休闲购物类商业中心打造竞争力的核心。如北京的西单、王府井商业区，是城市居民周末逛街购物的理想场所。

图14　邻里型商业中心——便利店与社区商店

图15　休闲购物类商业中心——北京西单大悦城

如果说休闲型的商业中心仍然以"购物"为主要内容，那么娱乐度假型的商业中心则更侧重于"游览"，它让商业本身成为一种吸引人的景点。无论是度假区内的商业中心，又或是城市中的商业景点，它们都将"消费"的定义进行了延伸，商品交易不再局限于单纯的购物活动，相反的，它为人们提供了一种娱乐、放松的生活方式。娱乐度假型的商业中心定位于休闲旅游的目的地，为那些消磨时间的人们提供了驻足的场所。这一类型的商业中心往往具有鲜明的建筑特色、完善的游乐设施以及风情化的购物环境，它将建筑与商业、景观、文化乃至生活方式相融合，形成别具一格的城市景观。典型案例如上海的新天地和成都的宽窄巷子改造，二者将商业与当地的传统建筑和生活文化相结合，成为新的城市生活景观。

客流被视为商业中心最重要的资源，因此如何汇集客流是商业中心开发的重点，而依附于交通的商业则具有天然的优势。与其他类型的客流来源不同，交通依附型的商业中心借势于地铁、机场、车站等交通枢纽，以交通客流作为经营的支撑点，这其中主要包括上班族、站点乘客以及过往的旅客。因此，提供即时的购物场所，突出商务性、便捷性的购物特征是其设计的出发点。例如北京火车站日均过十万的客流量，就吸引了大量商场、酒店甚至写字楼聚集在其周围，形成了依托于旅客集散而繁荣的商圈。再如上海虹桥机场打造的航空购物城，通过对业态的调整与品牌的提升，让旅客放慢脚步，悠闲地在机场里享受购物的乐趣。事实上，机场购物的概念在国外已十分普遍，机场利用客流集中的天然优势，充分挖掘航空港的商业潜力，如香港、迪拜等机场就是著名的"购物天堂"。

图16　娱乐度假型商业中心——上海新天地　　　　图17　娱乐度假型商业中心——成都宽窄巷子

图18　交通依附型商业中心——北京东直门来福士广场

商品交易模式的转变是商业建筑发展变迁的根本原因与动力。自商业建筑产生之后，其空间形态与经营方式在很长一段时期内都维持着单一的模式。无论是中国古代里坊制中的"市"还是西方的"城市广场"，商业不断经历兴衰更替，但商业建筑却始终没有发生根本上的改变。直到工业革命以后，商品的生产、流通、消费都得到巨大发展，新型的零售方式与商业建筑类型才如雨后春笋般不断涌现。

商业建筑作为为商品交易服务的容器，它的形态取决于其中所包含的买卖双方以及与之相应的交易模式。当这种交易模式发生转变时，就会直接推动商业建筑内外空间形态的变化。因此，在这里根据商品交易模式（包括经营内容、交易行为、消费习惯等）的转变，将商业建筑的发展过程划分为满足消费型、诱导消费型、共生消费型三个阶段，以便从更本质的角度来解读商业建筑的发展规律。

最早的商业建筑起源于市镇的商业街店和乡村的集市，是人们为了满足基本的日常生活需求，而定期聚集在某一地点进行商品交易活动。虽然这一类型商业建筑的规模大小、物理形态、商品内容千差万别，但人们来此的购物目标与预期始终仅限于目的性消费，而商家也只需要便捷地提供各类基本消费品就能满足购物者的需求。因此，此类商品交易的两个核心特征就是目的性和便捷性。

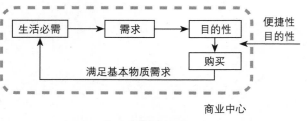

图19　满足消费型交易模式

图20　古代中国与罗马的集市

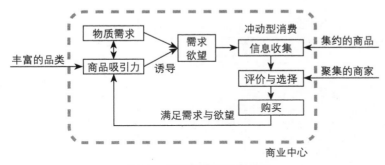

图21　诱导消费型交易模式

图22　巴黎老佛爷百货商店

在这样的交易模式影响下，商家盈利的增长就必须依赖交易数量的增加。因此，满足消费型商业建筑的设计是以高效、实用为核心，即在有限的货架空间内摆满尽可能更多的商品，提高单位空间所带来的收益。此外，由于商品、服务、交通等先天因素的影响，街店与集市通常只能将自身的目标客群锁定在步行距离范围内，进而导致其商圈人口、购买力水平、建筑规模、空间形式等也受到相应的制约。同时，商街集市中买卖双方"一对一"的交易模式也限制了其规模进一步的发展。因此，散户经营、中小规模、布局分散、空间紧凑是满足消费型商业建筑的普遍特征，常见的类型包括有便利店、社区超市、集市等，它们承担了大部分的日常生活消费，是城市商业系统中的基础。

18世纪的工业革命带来了商品的大量丰富和消费需求的急剧增长，而人们对于零售的理念也随之发生了根本的改变，新的零售模式——百货商店应运而生，它通常被认为是现代商业建筑历史的开端。

与传统的商街集市不同，商品内容的极大丰富使人们拥有了数倍于以前的选择可能，购物也不再是单纯地基于理性而进行目的性消费，而是在不断的刺激与诱导中购买那些并非迫切需要的商品，这让购物逐渐转变为一种享受。同时，商家们逐渐意识到，增加商品信息的刺激可以促进更多消费行为的产生。这些都引导了商业建筑向新的方向发展。在这样的背景下，此时的零售业也和工业大生产一样，开始注重规模化、集约化带来的优势。

全新的商品交易模式不仅意味着规模体量的增大与内容的丰富，也带来了商业建筑在开发、设计、管理方式上向统一化、集约化的转变：新型的交通工具使得商圈范围得以数倍地拓展；除零售业之外，更多的业态，如娱乐、餐饮等被组织进来；城市中心用地的减少导致了高密度开发的必然；新的建造技术带来了宽敞、舒适的购物环境；社会化大生产的管理经验被运用到商品流通领域中。相比于以往商业单纯在规模上的扩张，以百货商店为代表的新型商业模式，其最大的创新之处就在于商家开始积极主动地去寻求诱导消费的手段，他们将大量分散的商品集中起来，并用大规模、统一化的单一整体取代原本各自为政的零散商家，形成高密度、集约化、专业化的商业零售模式。进入20世纪后，伴随着美国郊区化的进程商业中心开始出现。此时，人们已经厌倦了拥挤的交通和狭小的空间，进而希望在购物过程中能获得更多的乐趣，消费的需求开始从"物质享受"转向"精神享受"，从"被动吸引"转向"主动参与"。

对于现代商业而言，消费不再是简单的买卖行为，而是与其他活动相互共生的。如果说诱导型消费以丰富的商品作为吸引力，那么共生型则以参与性的活动来积累人气，让参与者在不知不觉中完成购物的过程。因此，商业中心的出现不仅满足了人们多层次、多目的的消费需求，而且通过引入更具吸引力的元素，让购物逐渐成为城市生活中休闲娱乐、消费时间的新方式。另一方面，相比于传统的街店和百货，物业持有者与经营者开始分离，开发商通过租金收入与地产增值来实现盈利，进而从零售商逐步转变为管理者。因此，对于开发者而言，其经营的核心就是更多、更久地留住顾客，商业中心的设计必须吸引购物者参与到活动中去并触发消费，才能为自己带来更丰厚的商业收益。

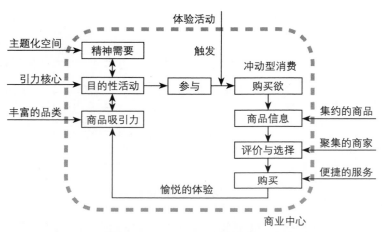

图23　共生消费型交易模式

图24　江西南昌万达广场

图25　美国纽约洛克菲勒中心

表6　商业建筑发展阶段比较

发展阶段	生活消费型	诱导消费型	共生消费型
典型形态	街店，集市	百货商店	商业中心
目标客群	周边居民	区域内顾客	专程目的的顾客
服务半径	0.5～2km	10～15km	20km
到场距离	步行10分钟以内	乘车30分钟	乘车30分钟～1小时
购物频率	日常或周末消费	月度消费	季度消费
消费特点	①目的性；②即时性；③小容量；④物质型消费	①目的性/非目的性；②专业化；③物质型消费	①非目的性；②冲动性；③刺激型
区位选择	居民区，繁荣街区	区域核心，商业街区、商业集群	城市繁华区，开发区或新城中心，新型交通设施聚集处
建筑规模	3000m²以下	5000～30000m²	30000m²以上
营业面积比	街店约80%；超市65%	百货商店55%；专卖店50%	50%～60%
行业配置	零售，饮食，服务	零售，饮食，娱乐，服务	零售，饮食，娱乐，休闲，服务
设计要点	①便捷性；②标识性；③高效性	①豪华的购物环境；②人车流线互不干扰	①风情化、休闲型；②一站式消费；③各类流线互不干扰
经营特征	分散经营	统一经营，统一管理	分散经营，统一管理
核心竞争力	购物便捷性	产品品种和品类丰富，专业化的商品与经营	丰富业态综合，品牌效应，生活样式的打造
城市职能	提供便利的商品服务	休闲购物场所	更新城市中心区，新的城市广场
案例	①7-11便利店；②社区超市	①西单购物中心；②百盛购物中心	①北京石景山万达广场；②西单大悦城
实例	北京琉璃厂古文化街	北京西单商场	北京石景山万达广场

国内的商业中心具有本土化的特征，既不同于美国的郊区购物中心，也与其他的东亚国家有所区别，在实际项目中需要结合中国居民的消费习惯进行针对性的开发与设计。

1. 高密度的城市或区域中心的选址

北美的郊区购物建立在中产阶级居住郊区化的基础上，而在我国有限的土地资源和土地政策下，这种依赖于廉价土地和私家车的商业中心形式并不适用。目前，我国的居民消费力仍高度集中于城市核心区域，同时人均用地狭小和节约用地的压力也造成城市的建筑容积率普遍过高、停车空间有限。因此，在城中中心地带或新区建造高密度、高效率的商业中心或综合体是我国商业地产开发的主流。

2. 饮食习惯带来商品生鲜化的要求

由于饮食习惯的不同，欧美国家的居民习惯于集中型购物，每周会有固定的时间进行采购，因而远距离的、大型的、一站式的商业中心应运而生。但对于亚洲国家而言，不同的饮食结构使得购物者对食材的新鲜程度有严格要求，因此便捷的邻里型商店、农贸市场更受欢迎。

3. 家庭消费以儿童游乐教育为核心

由于特定的国情，国内家庭的消费通常以孩子和老人为主题，尤其是儿童和青少年作为家庭的"核心"，往往具有很强的消费能力，能够成功地吸引儿童和青少年前往消费，是商业中心成功经营的保证。

4. 体验型商业中心日益成为主流

目前国内商业中心的发展水平较低，在许多二三线城市中仍处于填补空白的阶段，人均商业面积、客均消费力尚显不足，商业中心体验性的优势尚待发掘。同时由于受到电子商务的冲击，以突出交流和体验为主题的商业中心将逐渐成为未来的发展趋势。

商业中心的发展经历了从被动消费到主动选择、从物质需求到精神享受的过程。如果说在此之前，商业吸引力的来源是商品，那么在现代商业中独具魅力的体验活动才是商业的引力核心。商业中心的发展趋势正是由这种活动以及它所带来的情感体验的不断演变所决定的，一站式、主题化、引力核心营造等都是顺应这种趋势而产生的新的设计手法。

1. 一站式

城市综合体集酒店（hotel）、写字楼（office）、生态绿地（park）、购物中心（shopping center）、会所及会务（convention）、公寓（apartment）等于一体，并在各功能区之间建立互动性联系。目前，国内的城市综合体开发最典型的就是万达广场系列，其在设计规划中通过室内与室外的步行街，将"购物中心+住宅+酒店+写字楼"组织在一起是其最常见的组合形式。

2. 主题化

早期对于商业中心主题化的理解，往往局限于建筑空间的主题打造，无论是欧洲小镇还是仿古商业街，都将异域化、风情化作为自身最大的卖点。如果抛开商业的因素，甚至可以将其看作是一座主题公园，如北京的蓝色港湾、上海的新天地。但是随着商业的发展，人们逐渐认识到主题化并不只是反映在建筑空间的表象上，商品本身才是其核心主旨。商品内容的主题化决定了商业中心的特质，无论是空间的个性、商业的氛围还是租户的选择，都应围绕商品的主题而进行，并且这样的主题更贴近生活，更易为大众所接受。如北京的西单大悦城，将"国际化青年城"作为经营的主题，不同的楼层以眩目、前卫、优雅等作为关键词，每一层的格局和装饰各不相同，以此来形成独具特色的商业氛围与吸引力。

表7　商业中心的发展趋势与设计要点

设计手法	需求的满足	设计手法要点	设计手法的优势
一站式	快节奏、高效率的生活使现代城市居民对于购物活动有一次购完和一步到位的要求	①业态多样、功能齐备、快速便捷；②形成复合的、多时段多目的的集约城市	①提高土地的使用效率；②提升物业价值；③缓解资金链压力
主题化	主题化满足了人们寻找新颖刺激的情感需求	①应围绕商品的主题而进行；②形成独具特色的商业氛围与吸引力	①避免同质化的竞争；②创造新奇而独特的活动与体验
引力核心营造	引力核心是商业吸引力的来源，它为商业中心带来了源源不断的客流	凡是可以用来吸引购物者的活动或元素，都可以被融入引力核心之中	①有效的提升客流量；②有助于提高租金收益；③"聚客"作用
线上线下一体	满足消费者对于实物体验和咨询的需求，也为激发消费者的购物兴趣与冲动提供了场所和激情	①将电商与实体的优势结合起来；②"鼠标+水泥"的新购物方式；③互联网便捷而精确地将商品信息推送给每一位潜在顾客；④店铺作为展示和营销的工具	①将购物的成本降至最低；②打破了原本商品交易中时间和空间的限制

图26　北京CBD万达广场　　图27　北京CBD万达广场白金索菲特大酒店　　图28　北京CBD万达广场新世界彩旋百货入口

图29 北京西单大悦城国际青年主题相关品牌

图30 朝阳大悦城冠军溜冰场   图31 国贸溜冰场

图32 联华易购—联华超市线上购物平台

3. 引力核心营造

在现代商业中，引力核心的内容随着消费理念的发展而逐渐演变，从传统的主力店、主力区到新兴的文化景观、娱乐设施、车站等人流目的地，甚至还可以是多种因素综合的结果。例如在香港迪士尼乐园中，游客停留时间最长的不是游乐设施，反而是礼品商店。公园除门票收益外，大部分收入都来自于园内的二次消费，在一定程度上它也是一座成功的商业中心。今天，对于商业中心引力核心的打造正在日益多元化，凡是可以用来吸引购物者的活动或元素，都可以融入引力核心之中。例如一些商业中心出现的"去主力店"趋势，利用多个相关联的次主力店或专业店形成主力区，既代替了原主力店的"聚客"作用，同时也提高了租金收益。比如经营者可以通过引入游乐设施、借力景观优势等来填补吸引力的空白，如北京朝阳大悦城就以室内溜冰场作为自身独特的卖点。

4. 线上线下一体

电子商务的快速发展，使得越来越多的消费者开始习惯在互联网上进行购物。传统的实体商业开始受到虚拟购物平台的挑战，一些过去常见的商业类型正在逐步被淘汰。在这样的背景下，商业中心除了加强自身体验性的优势外，更重要的是将电商与实体的优势结合起来，互为补充，实现线上线下一体化。

第二章　商圈与选址

2.

对于商业地产而言，地段是衡量商业价值最重要的标准。商业中心是买卖双方进行商品交易的场所，其成功的运营建立在"更多的客流+更多的消费+更少的竞争"的基础上。因此，为了准确定位商业目标，挖掘商业需求的潜力，如何选址成为商业中心开发设计中需要首先解决的问题。

不同于北美的郊区购物中心，国内的商业中心大多数都位于成熟商圈内或大型居民区附近。欧美居民的生活方式使他们习惯于周末购物，每周会有固定的时间进行集中采购和消费。因此，其大型商业中心对于地段选择的要求不高，通常位于土地价格低廉的城市郊区，依靠高速公路带来客流。而国人的消费习惯由于受生活方式、交通设施以及经济发展水平等因素的影响，更倾向于社区周边的邻里型购物。实际上，中国人的消费时段是比较分散的，既可以在下班以后，也可以在周末出游的时候，而且随机性较强，频率较高，重复性消费也较多。在这样的背景下，类似于北美的郊区商业中心无法在中国生存。

正是由于以上因素的制约，对于国内商业中心的选址而言，所应考虑的影响因子更为广泛和复杂，例如地段周边的人口密度、交通的便捷性、消费辐射距离等都影响着商业中心服务人群的数量范围和类型组成；而居民的收入与消费水平以及周边的同业竞争情况，则影响到商业的规模、定位、业态组合等内容；此外，在土地尚未完全开发的地区或更新改造区，城市规划也限定了商业中心未来的发展和变迁。

总的来说，影响城市商业中心选址的因素包括辐射范围内的消费力、交通便捷性、同业竞争情况以及区域未来发展。

辐射范围内的消费力=
辐射距离内人口数量×人均消费支出

影响商业中心辐射范围内消费力水平的因素包括商圈辐射距离、商业类型、人口、收入、家庭组成、消费习惯、消费水平等

步行为3km   车行和轨道交通为20~30km

图33   所谓商圈就是以商店为圆心，以周边一定距离为半径所划定的范围（通常是以达到商店的路程或时间距离来描述的地理范围）。对于城市商业中心而言，其划定核心商圈的一般标准是不超过20分钟的心理承受力

西单站   王府井站

图34   以北京东西城区的王府井商业中心和西单为例，二者相距3.2km，步行时间约为1小时，地铁相隔3站，并且由于故宫带来的东西城区的分隔明显，使得二者的商圈辐射范围重叠较小，可以彼此共存

表8　北京居民消费水平（2009年，2010年）

项目	2010年（单位：元/人）	2009年（单位：元/人）
全市居民消费水平	25015	22154
城镇居民	27070	24044
农村居民	12887	11483
农村居民与城镇居民对比	1:2.1	1:2.1

参考数据：北京人均GDP，2011年北京实现地区生产总值16000.4亿元，按2011年末常住人口2018.6万人计算，北京人均地区生产总值为80394元。（资料来源：北京市统计局，国家统计局北京调查总队，北京统计年鉴2011，北京：中国统计出版社）

表9　北京城区常住人口密度（2009年）

地区	土地面积（km²）	常住人口（万人）	常住人口密度（人/km²）
全市	16410.54	1755.0	1069
首都功能核心区	92.39	211.1	22849
东城区	25.34	56.3	22218
西城区	31.62	68.1	21537
崇文区	16.52	30.2	18281
宣武区	18.91	56.5	29878
城市功能拓展区	1275.93	868.9	6810
朝阳区	455.08	317.9	6986
丰台区	305.80	182.3	5961
石景山区	84.32	60.5	7175
海淀区	430.73	308.2	7155

注：崇文区与宣武区已于2012年分别并入东城区与西城区。

资料来源：北京市统计局，国家统计局北京调查总队.北京统计年鉴2011.北京：中国统计出版社，2011.

在选址中，除了辐射距离的要求，商圈内的人口密度与消费力也应达到相应标准。商业中心的顾客来源一般包括：

①居住人口——居住在附近的常住人口

②工作人口——在附近工作的居民，通常利用上下班的时间就近购买商品

③流动人口——在交通要道、繁华商业区以及公共活动场所等地的过往人口

不同的商业类型针对不同的核心顾客：邻里生活型要求以居住人口为主；休闲购物型的商业中心可多种兼顾；交通依附型的商业中心，流动人口是其最重要的潜在顾客。但无论何种类型的目标客群，都要求有充足的客源与较高的消费力来支撑商业中心的运行。

商业地产的开发对于选址有着严格的要求，只有当辐射距离、交通便捷程度、人口密度、消费水平等要素都达到相应标准时，辐射商圈内的消费力才能支撑起大型的城市商业中心。例如万达广场系列，其选址的要求包括：半径3km范围内有10万～20万居住人口，半径5km内有30万以上居住人口，所在地区的居住人口的消费能力要达到一定水准。

以北京市朝阳区为例，区域内居民年平均消费水平为25000元/人，常住人口密度约为7000人/km²，则在半径为3km的商圈内，居民总数约为20万，潜在的消费力约为50亿元。事实上，在北京朝阳CBD区域内集中了大量高收入人群，其实际消费力远高于全市平均水平。因而与之相应的，在北京CBD商圈中集中了国贸中心、银泰中心、财富中心、CBD万达广场、华贸中心等众多的高端商业。由此可见，北京CBD商圈消费潜力巨大，可在一个商圈内容纳多家竞争商家并实现共赢。

便利的交通可以帮助商业中心扩大商圈辐射的距离，将更多的消费者纳入自己的服务范围，有效地挖掘潜在客户。交通便捷性的影响因素包括道路类型、出行方式、客流量、车流量、公共交通情况、卖场可见度等。

商圈的范围受到城市路网影响。我国城市道路网的一般间距为：快速路1500～2500m，主干路700～1200m，次干路350～500m，支路150～250m。因此，由主干路划分的大街区正好是一个半径为1.5km的商圈（沃尔玛标准），而3km半径的商圈则属于自行车和机动车、公交车出行的范围。

商业中心的经营依赖于大量的到场客流，其选址须邻近城市交通主干道或片区主要道路。一般来说，大型城市综合体要求场地至少两边临街，同时周围有便利的公共交通设施，如多条交汇的公交线、地铁换乘站等，保证场地的可达性，形成车行距离内的"30分钟商圈"。但是对于生活类超市而言，主要提供日常生活的必需品，因此周边常住人口数量和同业间竞争的影响就十分重要，一般情况下其商圈半径为1.5km左右，步行20分钟，车行5分钟。

表10　各类出行方式下的交通条件

出行方式	步行	自行车	机动车	公交车	地铁
速度/间距	3～5km/小时	10～15km/小时	30～40km/小时	500m/站	1000m/站
生活超市 （1.5km半径）	20～30分钟	5～10分钟	5分钟	3站	1～2站
商业中心 （3km半径）	—	20～30分钟	10分钟	6站	3站
大型商业中心 （8km半径）	—	—	15～30分钟	16站	8站

表11　各类商业的交通便捷性要求

商业类型	邻里生活必需型	区域生活中心型	城市或区域诱导型	复合体验刺激型	一站式休闲娱乐型
典型形态	街店（retails）	集市，商业街，步行街，超市	百货商店，奥特莱斯，家具、电器专业店	商业中心，购物广场（shopping center，mall）	城市综合体
商圈范围	0.5km（步行10分钟以内）	1.5～3km（步行30分钟，乘车10分钟）	乘车30分钟	乘车30分钟～1小时	不限
交通要求		公共交通便捷性	面临城市干道	紧临城市主干道；交通结点，聚集人流	私家车拥有量的增加提供了郊区化的可能

图35　日本东京新宿

图36　香港铜锣湾

图37　美国纽约第五大道

图38　法国巴黎香榭丽舍大道

图39　悉尼皮特商业街

图40　北京王府井商业街

如果说商圈和交通带来的是商业需求的累加，那么同业竞争就是分流的作用。由于同类业态之间存在着争夺客流的关系，商圈内的竞争者会分散购物人流，从而稀释商业中心的潜在消费力。但是从另一角度来说，竞争者的存在也会促进整个商圈的繁荣，达到所谓的"商圈共荣"效应，从而扩大商圈影响力以吸引更多的到场客流。因此，在选址过程中既要借助同业竞争带来的优势，又要尽可能避免由于业态饱和而造成的恶性竞争。

一般来说，城市综合体要求半径5km的范围内没有类似的大型竞争业态；而超市主要提供日常生活必需品，由于目标客群与经营内容都极为相似，因此竞争激烈，要尽可能避免商圈内出现同类型的业态，一般情况下，3km内的竞争对手不应超过两家。

城市是不断发展变迁的，既有新城的兴起也有旧城的衰落。因此，对于商业中心地段的选址也应具有长远的考虑。

一方面，城市规划指导着城市未来的发展，尤其对于尚未完全开发的地区，由于城市规划（包括新区的开发、道路的扩建、桥梁的建设等）直接影响着地段周边的未来发展，所以商业中心应选择那些具有发展潜力和前景的区域，分享未来地区整体发展所带来的利好。

另一方面，在城市的已建成区，现有的人口与环境也会随着时间而发生变化。尤其对于大型居住区而言，人口的老龄化不可避免，从年轻人到核心家庭再到独居老人，商业中心必须对这种目标客群的结构转变有应对措施。

不同类型的商业中心有着不同的目标客群与购物特征，对于人口密度及其组成、居民消费水平、交通类型及便捷性等都有着不同的要求。

对于所有商业中心而言，人的因素始终是最重要的。商业中心的目标客群包括居住人口、工作人口和流动人口（目的性人流）。城市综合体作为城市的生活核心受众面广，可以同时兼顾各类人群的需求，并对于客群数量与消费力都有着较高的要求，因此需要便捷的交通和扩大化的商圈影响力作为支撑。相比之下，生活类超市以居住人口为主，将家庭的日常消费作为最重要的购买力，一般选址在大型居民区附近，其商圈的辐射范围较小。

表12　城市综合体选址要求

城市综合体	万达广场	大悦城
半径人口要求	半径3km，10万～20万居住人口；半径5km，30万以上居住人口	核心商圈辐射人口范围在50万人以上，有效辐射人口可达到200万～500万人
消费力要求	所在地区的居住人口的消费能力要达到一定水准（三线城市中心区消费水准以上）	面向年轻人、白领
交通要求	有一边临城市交通干道或城市片区主要道路，至少两边临城市道路，其中次级道路可有两个车行入口，一般要求三边临路	
商圈及同业竞争	半径5km内没有类似的大型城市商业综合体	离市中心约0.5～1.0km的市级核心商圈或离新兴大型住区6.0～8.0km构成的区域商圈

表13　电器专业店选址要求

五星电器	国美电器	苏宁电器
交通便利的副省级以上城市直辖市、省会城市、副省级城市的核心商圈	商业街店：临街商铺（一层）处于市级商圈或区级商圈	城市或某区域的商业中心，人流量大，交通便利
地级城市市区人口50万以上，具有一定购买力，位于商业中心	店中店：大型商场或大型超市内，或接近电器或日用消费品区，位于市级区级商圈	
江苏、浙江、广东等地的县级市，内陆省份发展较快的县级市	社区店：紧邻大型社区，社区人口10万	
副省级以上城市的较发达的郊区县核心商圈	枢纽店：地铁、机场、车站、码头交通枢纽等处且已形成一定规模的商圈	
	特定市场店：手机、IT一条街	

表14 大型连锁超市选址要求

超市	沃尔玛	家乐福	易初莲花	大润发	北京华联
半径人口要求	在1.5km范围内人口达10万以上为佳；2km范围内的常住人口可达12万～15万人	人口密度相对集中	全市人口330万以上，市区人口在100万以上；3km范围内人口25万以上，5km范围内人口50万以上	半径3km人口约30万～40万左右，县、地、省会城市均可，购买力高的城市3km内的人口20万	省会城市或中心城市，城区常住人口100万以上；3km以内常住人口20万以上
消费力要求	商圈内人口年龄结构以中青年为主，收入水平不低于当地平均水平	60%的顾客是34岁以下，70%是女性，54%是已婚	年人均国内生产总值10000元以上，年社会消费品零售总额在140亿元以上；城市居民年平均工资在9500元以上，可支配收入在7000元以上		年人均消费支出在6000元以上
交通要求	临近城市交通主干线，至少双向四车道，道路与项目的衔接性比较顺畅	开在十字路口，临主干道，交通方便；其中28%的人步行，45%乘坐公共汽车	面临道路主干线，车行道4快2慢，公交线路在6条以上	最好以土地为界两边临路，要求与城市的主干道相邻	紧邻城市主干道，有4条以上公交线
人流量			每天经过的车辆不少于10000辆，经过的人流不少于10000人		店面日均人流量4万以上
商圈及同业竞	核心商圈内（距项目1.5km）无经营面积超过5000m²的同类业态为佳	3～5km商圈半径，这是家乐福在西方选址的标准。在中国，一般标准是公共汽车8km车程，不超过20分钟的心理承受力			一级商圈：位于城区密集居民住宅区；二级商圈：位于城区密集居民住宅区；三级商圈：位于城区居民住宅区
场地要求	纵深40～50m以上；临街面大于70m	长宽比例10：7或10：6	临街面不少于80m、矩形或梯形地块		
合作方式	租赁期限20年或20年以上	租金较低、长期的租赁合同（一般是20～30年）			租赁、期限20年

目前，家乐福超市在北京市主城区内共有14家，包括家乐福方圆店、中关村店、大钟寺店等。

相比于其他类型的商业中心，大型生活超市主要面向周边居住人群，提供一次性购齐的日常生活消费，因此其商圈辐射范围较小。家乐福在选址时，首先从原点出发，分别测算出5分钟、10分钟、15分钟的步行范围。同时考虑到中国的国情，还需要测算以自行车速度为参考的小片、中片和大片所覆盖的区域。

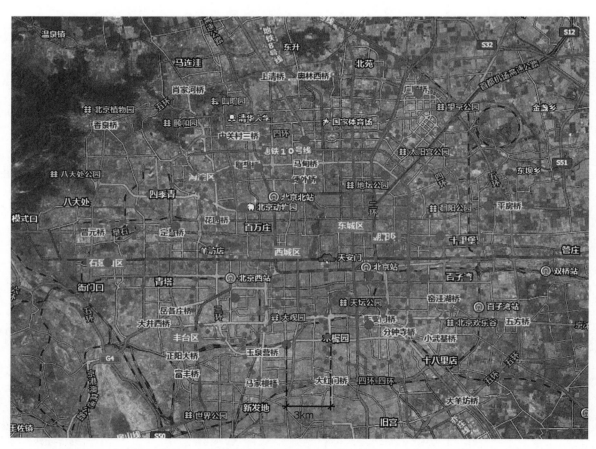

图41 以半径3km（步行30分钟，自行车10分钟，公交车6站地）的商圈为界，可以看出，目前家乐福已经基本完成了对北京市主城区的覆盖

此外，家乐福在北京的分布以城东二环与四环之间最为密集。这里集中了大量的传统居民区，同时由于老城区的交通限制，本区居民以步行交通为主，因此商圈半径相应变小，门店分布更为集中，在直径5km的范围内就聚集了3家大型家乐福超市。而与之相应的家乐福中关村店，由于周边缺少大型居住区，并且到场顾客的交通方式以轨道交通、私家车为主，因此其服务半径有所扩展，商圈范围也较大。

可见，家乐福的选址不仅受到辐射距离的影响，同时也与交通方式、出行时间等因素有关。例如，当店址周围有多条公交线路或是道路宽敞、交通方便时，其销售辐射的半径就可以适当放大。此外，如果周边存在自然的分隔线，如铁路线、城市快速路等，或者周边区域内有同类竞争对手，那么商圈的覆盖范围就需要根据这种影响因素进行相应的调整。

图42　北京家乐福广渠门店

　　随着主城区布局的基本完成和郊区消费力的发展，目前家乐福在北京的选址开始以郊区新兴的卫星城为主，包括新建的通州店、天通苑店等。此外，随着一线城市布局的完成，今后此类大型连锁超市的发展空间将主要集中在我国的二、三线城市。

　　事实上，任何商业的经营都依托于足够的消费力的支持，而商业中心的选址和开发就是对区域内商业需求再发掘的过程。无论是商圈辐射还是交通条件，从本质上来说都是在尽可能地扩大自身顾客群的消费力潜力。文中所列的各项选址要求或指标其实都是对这种消费力的量化标准，可以将其总结为"更多的客流+更多的消费+更少的竞争"。

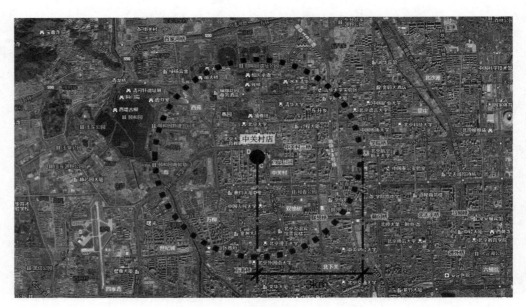

图43　北京家乐福中关村店

第三章　场地规划

3.

商业建筑是商品交易的容器，所谓容器，首要的作用就是将原本分散的买卖双方集中到同一时间和空间中。从这一职能来说，无论是古代的集市还是现代的商业中心都没有发生本质的改变。现代化的建造手段使得容器的规模和容量不再成为制约因素，但另一方面也让如何组织业态与人流变得更为复杂。商业中心存在的先决条件就是要在有限的空间内聚集起大规模的商品、人流以及市场信息，并能保持有序的运营状态。

在场地规划与交通设计中最重要的是各类流线的组织，需要将客流活动、后勤服务路径以及消防安全等因素综合起来统一考虑，处理好顾客、员工、货物三者之间的相互关系。良好的场地规划可以使顾客活动和后勤服务各行其道，紧密配合而互不干扰，并通过内外的空间组织引导更多的顾客到场购物。

由于城市综合体功能的复合性，多种流线都运行其中，包括有各类客流、后勤人流、私家车流（自驾车与VIP顾客）、公共车流（出租车、团队大巴、轨道交通）、物流（货物及废物垃圾等）、消防及紧急车辆等。不同的流线具有不同的速度和曲率（转弯半径），同时对静态交通（等候、临时停车、地面及入库驻车等）的要求也不相同，因此其规范和设计应具有针对性。

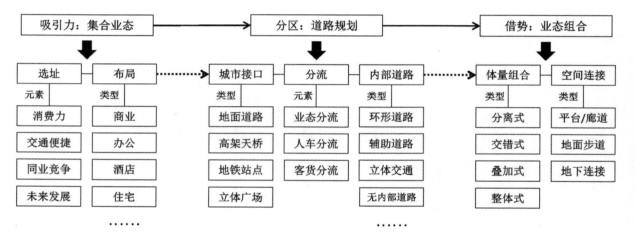

图44　场地总平面规划

表15　人流分流设计要素

人流类型	人流特点	设计要素
办公人流	①具有时段性； ②具有转化为购物客流的可能性	①避免对购物客流的干扰； ②既要保持客流和办公人流的相对独立性，又应建立适当的联系。在独立的流线间建立交叉点，或是位置靠近而视觉上隐藏的入口
后勤人流	①场地内服务人员； ②通常具有时段性； ③与客流高峰错开	①后勤人流流线的布置要求与顾客流线严格区分； ②在建筑设计中隐藏或弱化其出入口，并设置相应数量的服务人员停车位

表16　车流分流设计要素

车流类型	车流特点	设计要素
私家车	一般为小型汽车	①道路要求宽度4m，转弯半径6m； ②车位宽2.5m，长5.0～5.5m； ③应该考虑到私家车停车位数量和车库入口的设置； ④停车位应接近相应业态的功能区，使驾车者到达目的地的步行距离最短
公共车流	①大规模的客运能力； ②在短时间内聚集或疏散大量人流	①需要快速有效地对其进行组织与分流； ②下客点应有所区分，并设置一定的等候与缓冲空间； ③各个下客点到各大功能区应尽量短的步行距离，方便进出
后勤用车	包括货车、拖车、垃圾车等	①应使其道路宽度、停车空间等均需符合各类车辆的行车规范和要求； ②应有单独的后勤出入口和通道，通常在建筑背面或地下车库设置专用的运输通道和卸货场； ③其出入口需要明显的标志，防止混入其他车辆； ④货运车辆的流线要简明通畅； ⑤出于视觉效果的考虑，应尽量避开购物者的视线，禁止穿越购物区

城市综合体结合了商业、办公、居住、酒店等多种功能业态，而每一种功能业态都拥有自身独立的客流，并对商业活动有直接或间接的影响。

商业中心的流线既要保证能够聚集足够多的客流，又要使购物者方便、快捷地到达商业中心。因此，其设计要注重易达性和聚集性，往往采用鲜明的建筑设计、富有吸引力的展示面、设置集客广场等手段，实现良好的汇集与引导作用。

相比于商业和办公的对外开放性，酒店与居住客流具有私密性的要求，需要设置安静独立的入口与流线，并与其他类型的客流严格分离，以避免住户受到不必要的干扰。

相比于步行客流，机动车流具有较快的通行速度，并且对道路尺度与转弯半径有特定的要求。同时车辆的进出会影响到步行人流的通行，这就要求在场地规划中实现人车分流。

城市综合体的平面布局是内外因素相互协调的结果。良好的布局需要兼顾各方的需求，包括场地环境、交通情况以及空间使用等。由于综合体建筑的复杂性，在设计中必然会产生各种矛盾与冲突，而建筑师所要做的就是平衡各方，以达到整体的最优化，将场地的潜在吸引力与价值最大限度地发掘出来。

场地的不同界面具有不同的特征，而这种特征则决定了其在商业上的不同价值，环境分析的任务就是让这种价值充分体现在场地布局上。在场地布局中，首先需要对周边环境进行系统而全面的分析，才能做出整体价值最大化的解决方案。环境影响因素不仅包括客观的物理条件，也涵盖了社会文化的需求，是商业中心设计的重要依据和制约条件。

在诸多环境因素中，城市交通与消费辐射对于场地布局的影响最为重要，既是客流运动的起点，也是场地规划的初始点。前者决定了客流的主要来向，后者影响着场地的各业态布局。而其他影响因素，如景观、朝向、地形等作为辅助条件，也是场地布局中必要的参考依据。城市综合体的平面布局、建筑形态与周边交通、环境、人流动向、经济效益等密切相关。设计中应根据周边的交通情况、环境因素、建筑规模等限制条件，同时考虑各功能区域对环境的要求以及彼此间的相互关系，以确定场地内各建筑的基本布局，并对场地进行切割。此外，还要合理安排基地中裙房与塔楼的位置关系，形成包括购物中心、办公楼、酒店、公寓等不同的功能区域。

确定基本分区后，再根据商业中心开发的具体要求，决定各功能区的不同规模，进一步协调彼此间的关系，形成初步的场地规划与基本的建筑体量。

表17　环境影响因素

城市交通	消费辐射	周边环境	场地地形	城市风貌
道路性质； 交通方式； 道路交叉口； 车行方向； 公交站点	主要人流来向； 不同界面的商业价值； 商圈辐射范围； 消费习惯	景观； 朝向； 道路噪声； 相邻建筑影响	场地形态； 规模； 高差； 地质条件	当地传统建筑风格； 城市界面； 城市天际线； 标志性

表18　不同类型商业中心规模比较

类型	商业圈人口 （万人）	核心商店	营业面积 （m²）	附属设施
超大型大 区域性	约120（150- 120-80）	3～4个购物中心、百货店、专业店	35000以上	市民服务、政府派出部门、福利设施、医疗、文化、娱乐体育设施、餐厅、茶室、饮料店、会馆、办公、旅馆、停车场、公共交通换乘站
大型 区域性	约40（80-40- 25）	1～2个购物中心，百货店	18000～35000	市民服务、医疗、文化设施、会场、文化、餐厅、饮食店、旅馆、停车场
中型 地方性	约20（25-20- 15）	1～2个购物中心	800～18000	市民服务、医疗、文化、体育、餐厅、饮食店、停车场
小型 邻里型	约8（15-8-4）	1个购物中心	3000～8000	医疗、文化、体育、餐厅、饮食店、停车场
微型	约1.6（4-1.6- 0.8）	1个购物中心，超级市场	1500～3000	饮食店、停车场、文化教室

（表格来源：建筑设计资料集.第二版.北京：中国建筑工业出版社，1994.）

表19 各地万达广场规模比较

万达广场	总建筑面积	商业面积
北京CBD万达广场	50万m²	22万m²（商业和酒店面积）
北京石景山万达广场	48万m²	9万m²
天津河东万达广场	52万m²	23万m²
上海五角场万达广场	40万m²	26万m²
西安碑林区万达广场	40万m²	15万m²
济南万达广场	93万m²	16万m²
宁波鄞州万达广场	52万m²	26.8万m²
无锡滨湖万达广场	70万m²	12万m²

注：万达广场系列总建筑面积一般在30万~40万m²，室内纯商业部分通常为8万~26万m²

图45 北京石景山万达广场

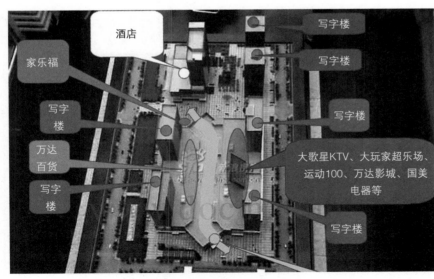

图46 北京石景山万达广场分区

1.城市综合体一般布局原则：

①商业中心：面向城市主干道和主要人流方向，一般占据商业价值较高的区域；多位于裙房及地下一二层；在城市综合体中居于主导地位。

②办公楼：面向道路，需要良好的对城市的展示面；通常位于购物中心上部的塔楼内

③酒店：连接次要道路，尽可能与商业部分分离，形成独立安静的入口区域；多为独立建筑，或位于塔楼内并有独立出入口

④住宅、公寓：对于地块的经济价值要求最低，但对日照、景观、通风朝向等要求最高；入口应避免城市及商业中心内交通、人流等的干扰，远离城市主要道路；通常在建筑群中形成独立的居住区域。

在场地布局中，各功能区域间往往会产生冲突与矛盾，这时应根据开发的实际需求与场地价值最大化的原则进行判断与取舍。一般来说，商业中心最优，办公楼、酒店次之，住宅最末。

2.建筑规模

    商业中心的建筑规模并非越大越好。根据统计显示，消费者在商业中心内可以停留的时间为3小时左右。规模过小会导致商业缺乏吸引力和可逛性，但是过大的规模也会让顾客产生疲劳感和厌倦感，从而降低单位面积的经济效益。例如作为世界最大商业中心的北京金源Mall，其总建筑面积达80万m²，包含418家店铺，以每家店逛10分钟计算就需要三天三夜，这种对于规模的过度追求反而造成空间的浪费。因此，商业中心的建筑规模应适应消费者的购物习惯，同时商业中心的空间序列应可逛可歇，才能留住客流。

    城市综合体的总建筑面积在10万～100万m²不等，容积率一般在6以上。其中商业部分通常为大型、超大型的商业中心，组成业态包括零售、餐饮、娱乐等多种功能，建筑面积一般为3万～15万m²，其中一些超大型的购物中心可达到30万m²。

表20　凯德置地来福士系列比较

| 城市 | 建筑面积（m²） | | | | | 占地面积（m²） | 投资额（亿元） | 开工时间 | 竣工时间 | 开业时间 | 建筑设计 | 项目位置 | 是否在轨交线上 |
	写字楼	购物中心	公寓	车库	总建筑面积（m²）								
上海	91622	48985	—	27654	165261	15186	29	—	2003年	2003年	巴马丹拿	城市中心	是
北京	41318	29716	28661	48263	145928	14658	—	2006年	2008年	2012年	思邦	东直门商圈	是
成都	76228	149001	11691	—	308939	32572	40	2008年	2012年	2012年	Steven Holl	人民南路四段	是
杭州	—	—	—	—	389489	40355	44	2009年	—	2013年	UN工作室	钱江新城CBD核心	是
宁波	30000	52000	19980	—	157807	—	—	2009年	—	2012年	思邦	江北区	是
深圳	—	—	—	—	426430	53725	60	2010年	2014年	—	思邦/贝诺	南山区	

（资料来源：高通智库）

表21　中粮大悦城系列比较

| 城市 | 建筑面积（m²） | | | | | | | 占地面积（m²） | 投资额（亿元） | 开工时间 | 竣工时间 | 开业时间 | 项目位置 | 是否在轨交线上 |
	购物	餐饮	写字楼	酒店式公寓	影院	停车场	总建筑面积							
北京	7.64万	2.75万	1.5万	3.32万	1.04万	3.17万 1000个	20.5万	16073	36	—	2007年	2008年	西单北大街	是
北京	33万 （地上23万）	—		10万 （地上7万）	4500	3000个	43万	84610	35	2008年	2009年	2010年	朝阳北路	是
沈阳	建面积34万，营业面积21万	—		38215	400个座位	1500个	34万		35			2009年	大东区小东路	是
天津	25万 （含影院）		6万	公寓4.6万，住宅7万	—	3000个	53万	89000	40	2009年	2010年	2011年	南开南门外大街	是
上海	27万	—	—	—	—	—	40万		120	—	—	2011年	西藏北路	是

（资料来源：CRIC中国房地产信息集团）

表22   香港IFC购物中心入口类型

交通途径	到达方式
邮轮	直接到达项目周边的码头，有电梯连接至商场二层
步行	从周边的交易广场、邮政总局等项目由天桥系统直接连接到国际金融中心
飞机	由机场经机场快线直接到达商场一层市区预登记大堂
地铁	地铁站在此项目内有三个出入口
自驾车	直接到达国际金融中心停车场，并经由直行梯到达项目内
公共交通	直接到达项目内公交站、出租车站

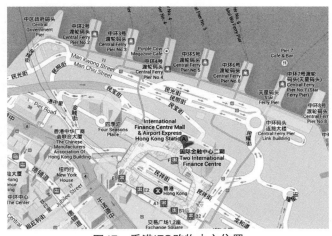

图47   香港IFC购物中心位置

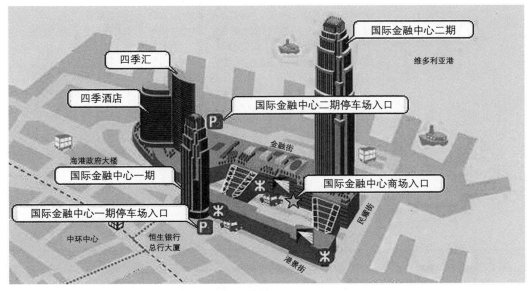

图48   香港IFC国际金融中心交通介绍

虽然城市综合体是作为一个整体被开发的，但其内部各区域间仍然存在着明确的分工组织。这类似于现代生产中的专业分工，对于场地专门化的利用可以有效提高空间的使用效率。综合体场地道路的规划就是依据这一原则而进行的。场地内的道路不仅划分出各个专门的业态区，同时自身也承担着分流不同流线的功能，它将匀质的场地真正划分成实际可利用的区域空间。在明确场地布局后，结合各流线的来向与走势，城市综合体与城市道路的衔接入口也可以基本确定。

场地入口既是人们对于综合体的第一印象，也是交通流线组织的开端，合理的入口设计可以将建筑与城市有效地衔接起来。城市商业综合体的入口设计应遵循易达性、聚集性、易于分流（包括人车、客货、不同业态间的分流）的原则。场地入口不仅应具有汇集人气、引导客流的作用，同时还要保证人车流线、客货流线之间互不交叉，并且不与城市交通产生矛盾。一言以蔽之，实现顾客、员工与货物的顺利进出是城市综合体场地入口设计的目标。

在场地入口设计中，应根据周边交通、环境与已有的场地布局等因素，来确定场地内各主次入口的方向、位置、大小以及引导措施等。

1.入口类型

　　良好的城市综合体场地规划应与城市形成全方位、立体式的交通衔接，以应对不同交通方式的需求。在前期调研中，对于主要客流到达方式的研究，有助于明确商业中心对入口的要求，进而选择适宜的入口类型。

2.设计手法

　　针对不同类型出入口的特点，在建筑设计中应采用不同的设计策略。

表23　不同入口类型的设计手法

入口类型		设计手法
① 地面道路接口； ② 立体广场； ③ 高架人行天桥； ④ 建筑间连廊； ⑤ 地铁站点出入口； ⑥ 地下步行街出入口	人行出入口	① 应朝向人流来向——车站、地铁站、通道等出入口，方便行人进出； ② 入口前设置可供人停留、集散的空间； ③ 在商业中心的出入口应设置缓冲空间，常见的有小广场、下沉庭院等，在吸引人流的同时承担集散、停留、娱乐、展示等功能； ④ 入口附近应设置车辆临时停靠点，便于出租车等上下车； ⑤ 商业综合体的地下商场与相邻地铁站应以通道直接连接，人行天桥、架空连廊等应与建筑二层入口连接； ⑥ 设置与室外相互融合渗透的室内公共空间，用以吸引人流； ⑦ 借势——在保证各功能区独立性的同时，尽可能将综合体中其他的潜在客流导入到商业中心内，达到"借势"的目的，常用手法：中庭过渡，玻璃墙和门，院落过渡等
	车行出入口	① 机动车的出入口、服务口应设置在城市次要道路，避免与城市主干道或快速路直接相连； ② 商业中心车辆道路出入口距城市干道交叉口红线转弯起点处不应小于70米，以避免在交叉口等候绿灯的车辆阻断基地出入口的通行； ③ 大中型商业中心与城市道路的连接不应少于两个面，当只有一面相邻时，应做到场地不少于1/4边长、建筑不少于2个出入口与道路连接； ④ 顾客车流出入口应尽量远离城市公交车站和出租车停靠点，避免进出商业综合体的车流与城市公交车流交叉； ⑤ 出入口沿车行方向设置，车库入口不应少于两个，在建筑规模较大或多边临街情况下，应设置更多的出入口进行分流； ⑥ 应尽可能选择基地道路的右侧开口，以适应机动车"右进右出"的形式，同时宜采用"单向进、单向出"的方式，以提高基地出入口的通行效率
	不同功能区出入口	① 在不同建筑的立面上设置不同功能区域的入口，一般情况下，商业中心入口设置在主要临街面上，办公、酒店、住宅等入口设置在次要临街面或场地内环路上； ② 当立面长度不足以容纳所有入口时，办公+公寓、酒店+公寓等可共用同一主入口，进入门厅后再进行分流； ③ 当采用立体交通时，可将不同功能业态的入口布置在不同标高，实现完全分流

表24 不同流线的路径

流线类型	路径
顾客步行	道路——入口广场——商业中心入口
顾客车辆	公交车站/出租车停靠站——下客广场——商业中心入口
	地铁站——通道——商业中心地下层
	自驾车——下客广场——车库入口——停车场——商业中心地下入口
后勤车辆（货运、通勤、垃圾）	道路——建筑背立面或服务内院——卸货平台

图49 平面接口——北京东直门来福士

图50 立体接口——北京西单大悦城

在确定场地入口后，各类流线开始被引入到场地之中，并通过彼此的组织与分流对场地规划和建筑设计产生影响。

综合体场地内的流线从功能和主体上来看，可以分为购物人流、购物车流、服务人流和货运车流。对于流线组织而言，其最基本的功能就是确保各种流线的通行顺畅。因此，保证各流线自身路径的独立性与便捷性，减少彼此间的交叉与干扰，是形成高效快捷的场地交通系统的基本条件。

由于城市综合体功能复合、规模庞大，因此其中所包含的流线种类复杂多样，需求也不尽相同。不同的流线类型具有不同的特征与要求，需要根据实际情况进行有区别的设计。

1.人车分流

对于商业中心而言，引导步行人流、车流顺利地进入建筑内部对商业活动的成功进行有着直接的影响。但同时，场地内通行的车辆会影响步行交通的通畅性与安全性，这就要求用地范围内交通流线的人车分流。

场地内的人车分流应从最初的流线引入时就进行区分，为不同的人车流线设置不同的场地入口。然后根据场地入口、建筑布局、流线特征等要素，选择相应的道路模式，同时建立起各流线与建筑的不同接口，以实现各类流线从进入场地开始直到连接建筑内部的完全分流。

（1）场地入口分流

区分场地的人行入口和车行入口，在进入场地之初就将人、车的引入在空间上区分开来，有利于之后场地内部人流、车流的分离。

①平面接口——人行入口面向城市主要道路，迎接主要人流来向；车行入口宜设置在城市次要道路，避免与城市主干道直接相连。

②立体接口——地面道路接口、建筑间连廊、高架人行天桥、地铁站点及地下步行街的出入口。

（2）道路区分

在场地内设置独立的步行区域和车行道，使得人行、车行可以各行其道，最大限度地减少相互间的干扰，同时也保证步行活动的安全与车行的通畅。

①人行在内，车行在外——在同一平面上使不同的人流、物流得以在不同空间内进行交通组织，将环路围合而成的内部场地设计为步行区域，禁止车辆进入。

②人行、车行分别在场地两侧——人行入口和活动区域在场地主临街面，车行道路在场地临辅路一侧。

③立体分流——通过坡道、立交等方式，使得行人、小汽车、公共汽车、地铁等不同交通方式的人、车流从不同标高进入到场地内部，并由相应的水平、垂直交通引入建筑内部。立体分流对于人流、物流的干扰最小，能够确保各流线自身不被打断，同时也保证了商业空间的完整性。

2.客货分流

城市综合体的客流包括购物人群、办公人群、酒店顾客、公寓住户等，货流则包括货运、通勤、垃圾运输等。由于货物运输会对客流的通行产生干扰，同时也会影响建筑的整洁与美观，因此需要在保证大量货物顺利通行的情况下，将货物、后勤流线与主要客流严格地分离开来，减少彼此的交叉影响。

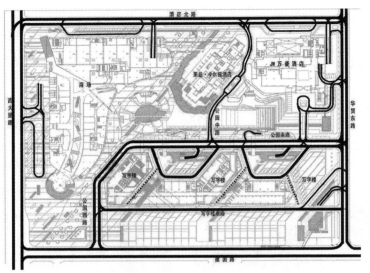

图51　人行在内，车行在外（北京华贸中心）

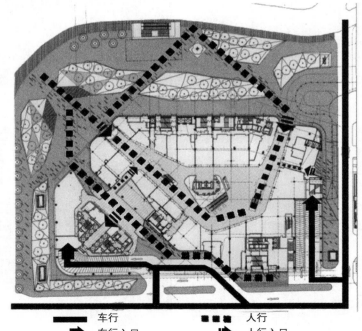

| ━━ | 车行 | ▪▪▪ | 人行 |
| ➡ | 车行入口 | ▮➤ | 人行入口 |

图52　人行、车行分别在场地两侧（北京东直门来福士）

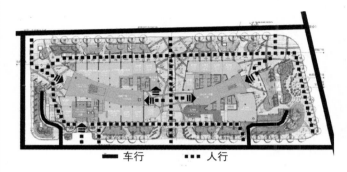

图53　人行、车行分别在场地两侧（北京新中关）

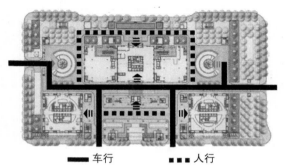

图54　立体分流（北京银泰中心）

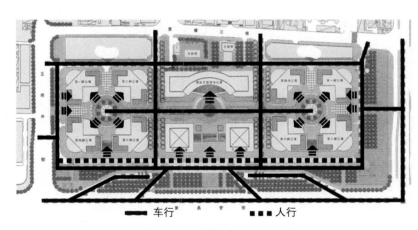

图55　立体分流（北京东方广场）

（1）客流

①顾客入口在建筑主立面上应清晰明确，具有便捷性、聚集性的特征，并以聚集尽可能多的购物人群为目标。

②不同功能区域的客流入口应有效区分，确保大量的购物人流不会干扰到其他功能的正常使用。

③客流的运动具有不确定性，因此需要利用地面高差、铺地材质、景观元素、过渡空间等建筑手法来引导人流。

④注意视觉流线与运动路径的配合，视觉的焦点应该在路径的端头。

（2）货流

①在建筑次要立面或偏僻处设置后勤货物入口，提供卸货区和货车回转空间，并设置一定数量的临时停车位。

②在建筑次要立面或偏僻处设置后勤人员入口，与建筑内后勤区域连接，在立面上尽可能隐藏，就近设置员工停车位。

③货车的进卸货时间与人流量高峰期应有所区分。

④进入地下停车场后应与顾客车流分离，设置专门的后勤停车区域，并靠近建筑的后勤流线，通过货梯将商品运送到各个楼层。

⑤注意洁污分流，避免垃圾类的运输对其他货物或环境产生不利影响。

⑥应考虑货车通行的要求，设计相应的通道宽度、净高和回转卸货场地。

场地道路是场地交通的主干，引导各类流线在其中顺畅地运动，对于流线的组织起着重要的作用。

场地内道路是城市交通系统组织的一个子系统，它服从城市的交通组织，同时又与用地范围内的其他组成要素共同协作，将不同的人流、车流引入到城市综合体内，并对其进行合理有效的组织规划，以提高整体的交通运转效率。

场地内道路设计的目标：

①分流——包括人车分流、客货分流、不同功能区域分流，使流线间互不干扰。

②高效——在有限的场地范围内完成多种流行的组织安排，以最少的占地获得最高效的运转效率。

③安全——区分步行区与车行区，让步行与车流各行其道、互不干扰，保证场地内通行的安全与顺畅。

不同的场地道路形式具有不同的特征和适用条件，当场地范围内的建筑布局、城市衔接入口、分流模式等要素确定之后，就已基本限定了场地的道路形式。在设计道路交通时，应通过对几种不同道路形式优缺点的比较，对各类模式进行取舍，同时结合具体的道路设计要求，形成高效安全的内部人流、车流系统。

图56　直接连接形式

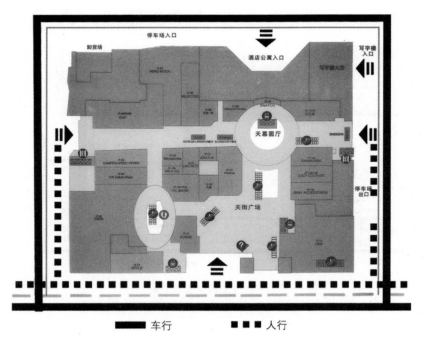

图57　实例：北京西单大悦城

图58　环形道路形式

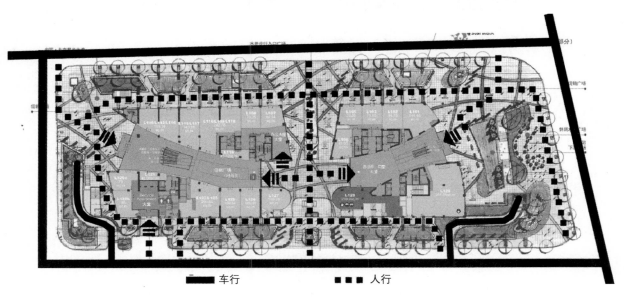

图59　实例：北京新中关

1. 直接连接

　　特征：在直接连接的道路形式中，商业中心及其他功能区域的建筑入口紧邻城市道路，场地直接对外开口，无内部专用道路，同时也缺少广场、步行街等建筑与城市间的缓冲区域。

　　适用性：适用于场地规模较小、容积率高、室外场地受到限制的情况，对于周边的道路情况有较高的要求，场地通常四面临街，其中一边邻接主要道路，作为综合体的展示面与主入口，另外三边则邻接辅路形成环线，同时辅路内车流量不宜过大，否则会对综合体内人流、车流的出入造成阻碍。

　　优点：在综合体各边界区分不同入口，使各车流、人流互不干扰；基地的容积率大，利用效率高；结合城市道路解决消防车道的需求。

　　缺点：对城市道路开口较多，不利于城市交通的顺畅通行；人流车流直接由城市进入购物中心，缺少必要的缓冲空间；由于建筑密度高，压缩了室外休闲活动的空间，降低了商业综合体的吸引力。

2. 环形道路

　　特征：利用基地内部的环形道路连接各个部分的车行上下点，同时结合各类流线的组织，可以有效减少基地对城市道路的开口和外部交通的影响。

　　适用性：适用场地规模较大，内部交通要求较高的综合体项目。当场地面积较小，设置环路受到限制时，可利用部分相邻的城市次干道作为环路使用，与第一种方式类似。

　　优点：减少场地出入口，对城市交通的干扰较少；独立的内部道路使用便捷，不易受外界影响；可利用环道作为消防通道。

　　缺点：环形道路会占用较多的室外空间；建筑周边的一圈车行环道对商业业态不利，车流量过大时会阻断人流。

3.辅路

特征：此类道路形式是指在场地内设置一条尽端或穿越场地的辅助道路，然后在辅路入口处设置地下车库出入口，并在辅路内部组织办公、商业、住宅、酒店等的流线及车行上下。在辅路内集中安排后勤流线，可以减少后勤、货运流线对于客流出入的影响，也减少了对于城市交通不必要的干扰。

适用性：适用于有两边及两边以上临街的场地，或者规模较大、需要适当分隔的综合体项目。辅路的形式多种多样，并可以与室外公共空间、绿化景观等结合起来，具有较强的灵活性和适用性。

优点：有效减少基地对城市道路的开口和车库出入口，环建筑一周的道路对消防有利；灵活性、适用性较强。

缺点：位于辅路两侧的建筑相互间的联系减弱；需要占用一定的场地面积。

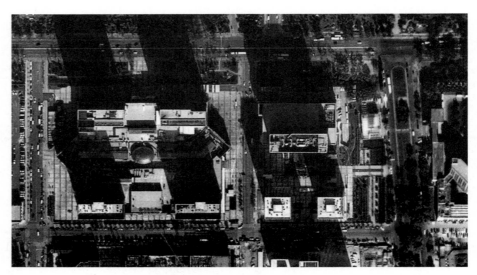

图60　实例：北京石景山万达广场

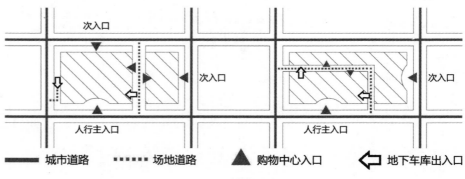

图61　辅路形式

图62　北京国贸中心一期

图63　北京东方广场人行台阶与车行坡道

4.立体交通

立体交通主要是利用建筑高差来组织人流、车流的关系，并形成与城市在不同标高上的衔接口。运用立体设施可以将不同目的的人流、车流分开组织，避免相互间的交叉干扰，并且可以利用立体设施组织人流集散，提高交通效率。此外，多层立体广场的设置可以结合空间布局和环境设计，营造出独特的室外公共空间。

（1）底层架空

特征：将裙房的一层架空作为综合体的主要入口，同时在架空层内组织安排人车流线、客货流线以及商业、办公、公寓、酒店等功能区域的入口，达到在有限的场地内区分各条流线、组织场地内交通的目的。

适用性：底层架空的道路规划适用于场地规模较小但交通分流要求较高的情况。当各功能区域需要设置独立入口，而现有的场地大小、沿街面长度无法满足时，架空层可以为场地的交通组织提供可利用的空间，同时也创造出了可以遮风挡雨的半室外活动空间。

优点：塔楼和裙房均有临街面，可设置各自的独立入口，商业综合体各功能间流线相互影响最小；有效缩短各流线距离，提高效率。

缺点：底层净空要求高，至少两层架空；造价高；首层的商业价值无法得到有效利用。

（2）立体广场

特征：当综合体与城市的交通系统有多层接口时，可以设置立体广场进行分流。立体广场与综合体的外部公共环境相结合既提供了人车的集散空间，同时也营造出良好的公共环境，形成别具一格的特色空间。

类型：立体广场分为高架广场和下沉广场。高架广场可以与室外活动空间相结合，形成屋顶花园，而下沉广场则往往与地下停车场、地铁站点连接，成为综合体的地下入口。

适用性：场地内的人车交通要求严格分流，各功能区域需要设置各自独立的入口；场地规模较大，可提供足够长度的车行坡道。

优点：人车分流清晰，各功能入口、流线间相互干扰少。

缺点：设置车行坡道需要占用较大的场地面积，且造价高昂；受坡道长度的制约，裙房的地上部分多为一层，局部二层，裙房的层数和面积受到限制。

（3）多层立体

特征：城市综合体通过立体交通系统与多层次的城市交通连接，步行、驾车、公交、地铁及其他交通方式的人流从不同标高进入城市综合体，并在建筑内部通过水平或垂直交通到达目的地。

适用性：场地与多层次的交通站点连接，经常与地铁、公交等交通枢纽紧密相连。

优点：交通分流清晰，各功能入口、流线间相互干扰少；利用交通枢纽带来的人流，可以尽可能多地增加客流量。

缺点：需要额外建造与各个交通方式进行连接的设施，占用空间较大，造价较高。

图64　步行：从周边道路直接连接到商业中心　　图65　地铁、公交站：紧邻场地周边设置站点　　图66　出租车：既可在首层停靠，又可以通过坡道进入二层平台，直达酒店入口

图67　私家车：可直接进入停车场，或通过坡道进入二层平台，到达酒店入口

图68　地铁：商业中心在地下层与地铁直接连通，或通过出站口到达地面层

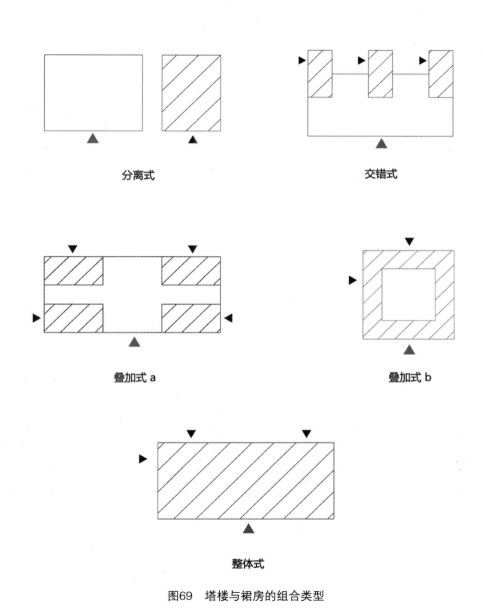

分离式　　　　　　　　　　　　交错式

叠加式 a　　　　　　　　　　　叠加式 b

整体式

图69　塔楼与裙房的组合类型

城市综合体中业态组合的目的就是相互"借势"——各区域通过对资源和人流的共享，使得整体效益远大于单体的相加。

早期，国内对于商业中心的理解就是将数个百货、超市、影院等单体建筑堆积在同一场地内。这种简单的叠加使得店与店之间的联系被割裂，与传统的单体商店并无本质差别。而商业中心作为一种新的经营模式，其出现的意义就是在各业态间建立联系，从而发挥整体性优势。

如果说场地道路的规划是将整体空间打散，那么不同业态间的组合则是将整个场地重新整合起来，实现资源共享。需要注意的是，业态间的组合并不是匀质的，而是根据彼此间功能的关联程度和商业价值来安排亲疏远近的关系，如商业与展览的结合、办公与酒店的结合等。

业态组合的方式反映在建筑上就表现为直接的体量组合与间接的空间连接。

一般情况下，出于对土地高效利用、提高容积率的考虑，城市商业中心通常由塔楼与裙房组成，塔楼与裙房的组合关系决定了场地的基本布局。裙房对地段的商业价值要求较高，并且规模体量巨大，因此裙房在基地中的位置选择受到诸多的条件限制。塔楼的内部空间通常要求有自然采光（部分情况下还有通风的要求），一般面积较小，同时由于其功能规模的多样化，在形体上又可以出现单栋或多栋的多种组合关系，故塔楼在基地中的位置选择较为灵活。

由于塔楼与裙房的不同组合直接影响到城市综合体的功能布局与整体形象，因此需要根据场地环境、功能组合、用地面积、容积率等限制因素选用适当的组织形式，以达到场地利用价值的最大化。

各类体量组合方式比较见表25。

表25　各类体量组合方式比较

类型	分离式	交错式	叠加式	整体式
特征	塔楼与裙房完全分离	塔楼与裙房部分重叠	塔楼完全重叠在裙房之上	塔楼和裙房为一体，没有明显区分
容积率	＜3	3～6	6～8	＞8
优点	①区域划分清晰，有利于交通分流；②建筑通风、景观、日照朝向良好	①区域划分清晰，有利于交通分流；②建筑通风、景观、日照朝向良好	有效提高场地使用效率	场地的使用效率最高
缺点	①占地面积大，场地使用率低；②各业态过于独立，缺乏联系	各区域流线有部分重合	①塔楼的核心筒影响裙房空间的完整性；②各区域流线重合较多	①流线混淆，不利于交通分流；②由于建筑密度高，使通风、采光、景观等受到影响
实例	北京新光天地：占地39万m²，总建筑面积近100万m²，其中新光天地建筑面积18万m²，容积率2.56	北京华贸中心：占地面积11.2万m²，其中华贸购物中心4万m²，三栋写字楼总面积30万m²，容积率为3	北京石景山万达广场：总占地面积6.99万m²，西区（一期）28.23万m²，容积率6.9	北京西单大悦城：占地面积1.6万m²，总建筑面积20.5万m²，商业面积11.5万m²，容积率12.8

场地内不同功能业态间的连接可以按照标高分为平台/走廊、地面步道以及地下连接。不同的连接方式具有不同的适用性，也可结合使用。

表26 各类建筑空间连接形式比较

类型	平台/走廊	地面步道	地下连接
特征	不同建筑间通过架空的平台或走廊连接	在场地内设置专用的步行道，连接各个建筑单体	在地下商场或车库连通
设计手法	①可布置展示或营业界面，增加商业空间； ②营造良好的环境，通行的同时可做观景空间	①与广场、绿化等结合，形成良好的室外活动区； ②与步行街结合，增加商业界面； ③扩大后可以成为举办大型活动的场所	①沿通道布置商业店铺； ②与周围店铺融合，削弱通道感； ③可结合地下车库、地铁出入口等
优点	①节省空间； ②可以作为造型要素	①方便快捷，易于到达； ②施工方便，造价最低	①不受地上建筑限制； ②部分综合体的地下空间本身连通，无需另外建造
缺点	①只服务于部分楼层； ②通行量受到限制； ③建筑间距离受到限制	①需设置专用步道，占用一定地面面积； ②室外通行受到天气制约	①不易发现，需要明显的指示标志； ②没有自然采光通风，通行意愿低
适用条件	不适宜地面连接，且建筑间距离较近时	建筑间车行量较小，能保证通行安全	建筑设有地下室
实例	北京国贸三期 	北京华贸中心 	北京国贸三期

在城市综合体的交通组织中，停车空间作为车行流线的终点，是场地交通设计中必不可少的基础设施。根据国家统计局统计，2002年每100个家庭拥有0.9辆汽车，而到2011年时，这一比率已升至18.6辆，北京的私家车拥有率更是超过37.7%。随着私家车的普及和城市中心区用地的紧张，停车位的缺乏日益明显，很多旧有的百货商店或商业中心由于停车设施陈旧与不足的原因，影响到正常的商业运转而日渐衰落。停车场作为一种辅助空间虽然不能直接创造商业效益，但它却是其他商业业态正常运营的保障和基础。

由于城市综合体内复合了购物、餐饮、娱乐、办公、居住、商务等多种功能，因此其停车设施应具有综合共用的特点：一方面，停车场是综合体建筑内各种功能单元、机构、用户共同使用的场所；另一方面，停车场既服务于综合体内的业主，也面向外来的用户和临时访客，每天都有大量的固定停车与临时停车的要求。规划合理的停车系统有助于使城市综合体成为高效、舒适、便捷的场所。

停车场设计原则：

①出入口与主要车流方向顺畅连接；

②足够使用的入场等候空间和临时上下车空间；

③便捷明晰的道路和车位指示；

④与消费楼层紧密相邻与相望；

⑤便捷独立的出车流线。

停车位预估的合理与否直接影响着综合体的经济效益。停车位数量的不足会导致商业服务水平降低，出现交通压力增大甚至车辆拥堵的情况，而过量的停车位设置则会增加建造成本，降低空间的使用效率。

表27　北京市大中型公共建筑停车场标准

建筑类别		计算单位	标准车位数	
			小型汽车	自行车
旅馆	一类	每套客房	0.6	
	二类	每套客房	0.4	
	三类	每套客房	0.2	
办公楼		每1000m²建筑面积	6.5	20
餐饮		每1000m²建筑面积	7	40
商场	一类	每1000m²建筑面积	6.5	40
	二类	每1000m²建筑面积	4.5	40
展览馆		每1000m²建筑面积	7	45
电影院		每100座位	3	每1000m² 45辆

（表格来源：《北京地区建设工程规划设计通则》）

表28　各地停车位配比

城市	计量单位	类型	最小配比	最大配比
深圳	车位/100m²建筑面积	商业区	小于等于2000m²部分取2.0，超过2000m²以上部分取0.4~1.5；公共交通发达的中心区取0.4~0.6	
		独立购物中心、专业批发市场	0.8~2.0，公共交通发达的中心区取0.8~1.2	
杭州	车位/100m²建筑面积	建筑面积≥10000m²的商业建筑	一类0.4	三类0.8
		10000m²＞建筑面积≥1000m²的商业建筑	一类0.3	三类0.6
		建筑面积＜1000m²的商业建筑	一类0.2	三类0.3
		建筑面积≥10000m²的大型超市	一类0.6	三类1.0
成都	车位/100m²建筑面积	二环路以内	0.5	0.5
		二环路以外	0.8	0.8
武汉	车位/100m²建筑面积	二环路以内	三类0.3	一类0.6
		二环路以外	三类0.4	一类0.8
宁波	车位/100m²建筑面积	综合商业	核心区0.7	外围区1.0
		大型超市	核心区0.8	外围区1.1
		一般超市	核心区0.7	外围区0.9

据有关资料统计，在发达国家，商业建筑的停车场所占比例一般为基地面积的 1/4，有时营业面积与停车场面积之比甚至高达1:1.5。根据美国公用物业停车标准，行政办公建筑每100m²应有3~5个停车位，中型零售业为每100m²5个停车位。相比之下，日本的商业中心多位于高密度的城市中心区，且拥有完善的轨道交通，因而其商业建筑的停车场一般按每300m²的商业建筑面积设置1个停车位计算，相当于国内标准每100m²0.33辆，远低于北京每100m²0.65辆和其他一些城市要求的0.8~1.0辆。

商业中心的停车量与所处城市、商圈情况、经营状况、周边交通水平、居民出行特征等密切相关。在实践中，对于停车位数量的预测应参考当地的停车位配比标准，同时根据商业项目的研究策划、经营者的预测、同类商业建筑的停车位使用状况等进行相应的调整，其中停车设施的使用调查应包括停车数量、停车场地占用率、停车时间、停车周转率等。

商业中心中的停车位主要分为客用停车和后勤停车两种。

1.客用停车

根据《北京地区建设工程规划设计通则》，北京市内建筑面积超过5000m²（含5000m²）的商店，必须按通则规定建设相应的配套停车场，具体要求如下表所示：

对比国内各地的停车位配建指标可以发现，北京对于商业建筑停车位的配比要求普遍低于深圳、杭州、成都等地的水平，停车位数量相对不足。但是在实际调研中发现，北京各主要商业中心的停车位配比均高于规范要求，多为0.7/100m²建筑面积以上，基本可以满足商业中心的正常使用需求。

此外，对于城市中心地区而言，由于公共交通的发达和用地规模、地价的限制，停车位配比可以适当减少，但是对于以私家车交通为主的郊区商业中心，停车位应有所增加。

由于城市商业综合体内功能复合多样，并且各类业态对于停车位的配比需求和使用特点也不尽相同，因此很难做出统一标准。一般而言，根据北京市的规范要求，每1万平方米商业面积大约需要2000m²停车场。

表29　北京市地方标准与北京不同商家停车要求对比

商业类型	停车要求
北京市规范	65辆/万m²
万达广场	最低标准是100辆/万m²，有餐饮125辆/万m²
家乐福	500～700个汽车位，800～1000个自行车位
沃尔玛	至少300个以上地上或地下的顾客免费停车位
大润发	机动车停车场10000m²（室内外均可），约300个停车位，自行车2500～3500m²（室内外均可）
易初莲花	机动车停车位不少于300个，自行车位不少于400个
百安居	停车位不少于300个

表30　小型汽车停车场设计参数

停车方式	垂直通道方向车位长度 B（m）	平行通道方向车位长度 L（m）	通道宽度 W（m）	单车面积（m²）
平行前进	2.8	7.0	4.0	33.6
30°前进	4.2	5.6	4.0	34.7
45°前进	5.2	4.0	4.0	28.8
60°前进	5.9	3.2	5.0	26.9
60°后退	5.9	3.2	4.5	26.1
垂直前进	6.0	2.8	9.5	30.1
垂直后退	6.0	2.8	6.0	25.2

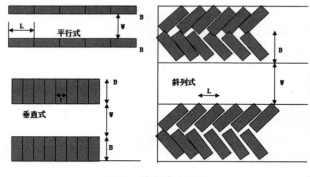

图70　单位停车面积

表31 装卸、出租车与无障碍车位设置标准

建筑物类型	计算单位	装卸车位	出租车位	无障碍车位
住宅	车位/10000m²	—	1	每100个车位设置1个
办公	车位/10000m²	1	3	
商业	车位/10000m²	2	3	
宾馆	车位/100客房	1	2	
餐饮娱乐	车位/1000m²	1	3	
影剧院、体育场馆	车位/300座位	—	1（最多30）	

表32 大型超市卸货区要求实例

商家	后勤停车及卸货区要求
家乐福	满足2辆或3辆35吨集卡车和3辆小卡车的满载重量及回车空间
沃尔玛	为供货商提供20个以上的免费货车停车位
麦德龙	应有8个左右货车停车位，可满足40尺集装箱卸货及转弯半径的要求
吉之岛	专用卸货场1处，1吨车×4辆

2.后勤停车

城市综合体的正常运转需要大量物流的支持，良好的后勤流线、停车安排、卸货场地有助于综合体整体运转效率的提高。

后勤车流包括货柜车、垃圾车、设备维修车以及其他管理服务用车。此类停车场地要求与外部有便捷的交通联系，同时又要与顾客车流严格区分。因此，后勤车库及通道往往单独设置在建筑周边或一侧，形成一套独立完整的停车系统。

在后勤停车场设计中，不仅要考虑装卸车位的数量配置、场地布局，也需要结合各类货车的车型尺寸进行车道、车位的合理化设计，以保证后勤通道的畅通和停车位的正常使用。

不同的场地条件和布局模式决定了不同的停车方式，城市综合体的停车方式一般可分为地面停车、地下停车场、屋顶停车场、独立停车楼。

1.地面停车场

地面停车场一般靠近建筑物周边设置，同时在建筑的相邻位置开设辅助入口。它与综合体建筑的各个功能单元联系紧密，使用者只需经过较短的步行路径就可以达到综合体的各个部分。

优点：一般独立存在，且无需楼梯、坡道等附属设施；造价低，易于前期建设和后期管理；场地内人流、车流位于一水平面内，使用最方便，联系最紧密。

缺点：停车场占地面积大；人车混杂，有安全隐患；容易形成热辐射。

适用条件：在地价低廉的城市郊区，这种停车方式最为经济。

注意事项：停车场到建筑室内的距离不应太远，步行时间不宜过长。

2.地下停车场

地下停车场一般利用大型建筑的地下室或人防空间进行设置，相比于地面停车，能有效地提高基地的利用效率，实现对空间的多层次利用。

优点：充分利用地下空间，节约用地；解放地面空间，不与建筑主体产生矛盾；与购物空间联系紧密；避免恶劣天气的影响。

缺点：工程造价高；疏散难度大，对于消防安全要求较高。

适用条件：适用于地价较高的城市中心区。

注意事项：地下车库可以按照不同的服务对象分别对应地上的业态空间，并采用不同的颜色进行分区，各区域中心通常为直通地上的垂直交通核。

图71　北京石景山万达广场地面停车场

图72　北京石景山万达广场地下停车场

图73　北京国贸中心一期屋顶平台停车场

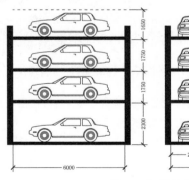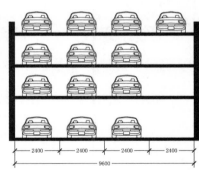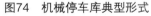

图74　机械停车库典型形式

图75　机械停车库典型形式

3.屋顶停车场

在低层建筑中，当设置地下停车场不经济或有其他原因时，可以在营业层的上部或顶层设置停车场，并用坡道与地面联系。

优点：占地面积少，施工要求相比于地下停车较为简单，建造成本也较低。

缺点：与地面联系的坡道需要占去一部分有效的商业面积。

适用条件：低层建筑，营业空间占用层数不多，且经济条件不允许设置地下停车场。

4.独立停车楼

独立停车楼是指设置在建筑附近的停车库，与主体建筑间可通过地面、连廊、地下通道等进行连接，或直接与营业空间相邻。

为了节约用地，独立停车楼一般设计为多层，停车数量大，造价较地下停车场更为经济，一般适用于综合开发的大型项目或场地较为宽敞的情况。此外，停车楼的独立性比较强，建设规模和限制条件较少，并可以兼顾相邻场地或多个建筑的停车需求。

（1）机械式停车

优点：在各类停车方式中，单位面积停车量最大，每500㎡可容纳汽车40辆。

缺点：造价高；停取车的等待时间较长，不便于使用和管理。

设计要求：

①最小尺寸要求，宽2200mm，长5500mm，高1600mm。

②需要建立附加的地面停车场，作为等待、分流的缓冲场地，根据《汽车库建筑设计规范》规定，机械式汽车库的库区内候车车位不应少于2个，当出入口分设时，应至少设1个。

③机械式停车库的出入口应设库门或栏杆。

④当停车库面积受到限制时，可通过扩大层高、在局部设置机械停车的方式，增加停车位数量。

（2）坡道式

优点：建造成本较低；停取车辆无需等待。

缺点：坡道占用空间较大

最小净宽：汽车库内坡道的最小净宽应符合右表要求。

典型形式：

①水平式，停车楼按水平布置，用坡道联系各层，是目前最常用的形式。

②错层式，停车楼按水平方向分为互错半层的两部分布置，车行坡道和垂直交通设施设置在错层部分，可以减少坡道长度和步行距离。

③斜坡式，停车楼楼面倾斜，各层之间的通道就是楼面本身，可以节省交通面积。

表33 汽车库内坡道的最小净宽要求

停车方式	分类	垂直通车道方向的最小停车带宽度 W_e（m）						平行通车道方向的最小停车位宽度 L_t（m）						通车道最小宽度 W_d（m）					
		微型车	小型车	轻型车	中型车	大货车	大客车	微型车	小型车	轻型车	中型车	大货车	大客车	微型车	小型车	轻型车	中型车	大货车	大客车
平行式	前进停车	2.2	2.4	3.0	3.5	3.5	3.5	0.7	6.0	8.2	11.4	12.4	14.4	3.0	3.80	4.1	4.5	5.0	5.0
斜列式	30° 前进停车	3.0	3.6	5.0	6.2	6.7	7.7	4.4	4.8	5.8	7.0	7.0	7.0	3.0	3.8	4.1	4.5	5.0	5.0
斜列式	45° 前进停车	3.8	4.4	6.2	7.8	8.5	9.9	3.1	3.4	4.1	5.0	5.0	5.0	3.0	3.8	4.6	5.6	6.6	8.0
斜列式	60° 前进停车	4.3	5.0	7.1	9.1	9.9	12	2.6	2.8	3.4	4.0	4.0	4.0	4.0	4.5	7.0	8.5	10	12
斜列式	60° 后退停车	4.3	5.0	7.1	9.1	9.9	12	2.6	2.8	3.4	4.0	4.0	4.0	3.6	4.2	5.5	6.3	7.3	8.2
垂直式	前进停车	4.0	5.3	7.7	9.4	10.4	12.4	2.2	2.4	2.9	3.5	3.5	3.5	7.0	9.0	13.5	15	17	19
垂直式	后退停车	4.0	5.3	7.7	9.4	10.4	12.4	2.2	2.4	2.9	3.5	3.5	3.5	4.5	5.5	8.0	9.0	10	11

（表格来源：《汽车库建筑设计规范（JGJ100-98）》）

水平式   错层式   坡道式

图76 各类坡道式停车

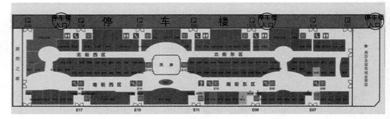

图77 实例1：北京金源Mall，停车楼位于建筑背立面，并在各层设置连通入口，与商业空间紧密相连

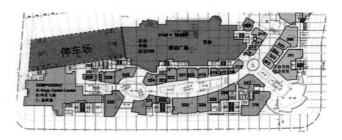

图78 实例2：天津大悦城，停车场位于场地内独立楼栋，在各层设置专门的入口进入商业中心

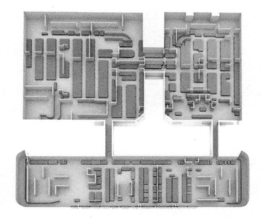

图79 北京CBD万达广场停车场布局

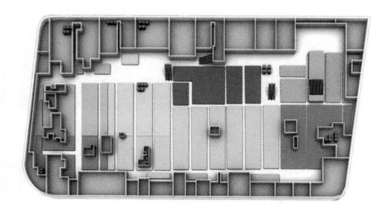

图80 上海五角场万达广场停车场布局

图81 地下及高层停车场出入口

停车场在满足停车位数量、选择适宜的停车方式外，其内部的空间布局也直接影响着停车场能否高效运转。

对于商业中心而言，让顾客等候会直接降低购物体验。因此在停车场布局中，首要解决的问题就是保证出入口的通畅，并且等候出场远比等候进场更容易引起顾客的不良情绪。因此，商业中心停车场应有多个出口，并设独立车道，防止高峰时期车辆淤积和等候。

此外，城市综合体内各类不同的功能业态有着不同的停车类型和特征：

①办公和居住用停车场停车位数量较为稳定，位置也相对固定，同时具有一定的私密性，一般设置独立的停车场以便与商业中心的停车进行区分。

②服务于商业中心的停车场临时性强，不同时间所需车位数量变化较大，通常布置在与外界紧密联系的区域，以方便车辆的顺畅进出。

③后勤停车要求与顾客车流严格分区，一般独立设置在停车场较偏僻一侧，不影响其他功能的正常使用。

1.区域划分

大型的地下停车场通常以不同色块、编号进行限定，划分出不同的停车区域，并在空间上与地上层的相应的业态功能垂直对应。此外，在各个停车区域内设置独立的交通核分别与商业、办公、酒店和公寓等直接连接。

2.与商业空间衔接

停车场与商业空间有多种衔接方式：

①当采用停车楼时，停车楼各层必须与营业空间同层相接，方便顾客进出。

②停车楼必须有直接的对外出口，保证顺利离开比进入更为重要，极大影响购物体验。

③当商业空间与停车场非同层布置时，应设置便捷的垂直交通方式，尤其对于超市应设有自动坡道与停车场连接，以方便购物车进出，同时应在停车层留有回收购物车的空间。

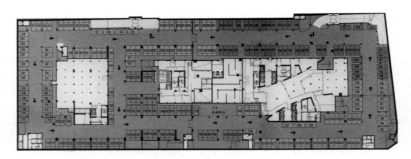

图82　北京新中关地下停车场平面

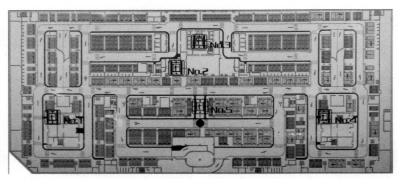

图83　北京银泰中心地下停车场平面

表34　车型外廓尺寸

车型	外廓尺寸（m）		
	总长	总宽	总高
微型车	3.50	1.60	1.80
小型车	4.80	1.80	2.00
轻型车	7.00	2.10	2.60
中型车	9.00	2.50	3.20（4.00）
大型客车	12.00	2.50	3.20
铰接客车	18.00	2.50	3.20
大型货车	10.00	2.50	4.00
铰接货车	16.50	2.50	4.00

表35　汽车的最小转弯半径

车型	最小转弯半径（m）
微型车	4.50
小型车	6.00
轻型车	6.50～8.00
中型车	8.00～10.00
铰接车	10.50～12.50

图84   地下车库美车堂

图85   地下停车场候车厅

3.后勤用房

    停车区域一般位于地下停车场的中央,并在其周边设置各类后勤服务用房,包括垂直交通核、卸货场、仓库、后勤办公、服务通道等。

    后勤服务用房也可设置在停车场中央,形成集中的后勤办公区域,停车位则围绕核心呈环状布置。

4.附属设施

    停车场内除了停车设施及后勤用房之外,还应辅以其他附属服务设施,以提高停车场内的环境品质与服务水平。

    餐饮服务——在停车场及周边附设快餐厅、咖啡茶座等设施,既增加了人们公共活动的场所,为冷清的停车场带来人气,同时也为候车人群提供了等候的场所。

    零售商店——停车场内小型商业的设置为驾车者的即兴购买提供了便利,形成一种高效的生活方式。

    汽车保养维修站——在顾客购物的同时为其提供车辆保养维修的服务,人性化地为购物者节省时间。

    候车厅——为等候的人群提供临时休憩的场所。

第四章　建筑流线设计

4.

商品交易中的一个基本原则就是让供给接触需求，当购物者接触到的商品越多，其购买的概率就越大。因此，当聚集的业态带来城市中大量的人流之后，商业中心流线设计的核心任务就是促进购物者在其中不断地有序流动，进而接触到更多商品，触发更多的消费。

基于现代商品交易模式的特征，商业中心的流线设计可以归纳为三个方面：

①动力来源——引力核心：引力核心为购物者提供行进的动力，不同的布局可以将购物者带向场地的不同区域；

②运动场所——流线路径：路径是引导并限制购物者流动的基本骨架，同时也在购物者与商品之间建立了可能的接触面；

③驻足停留——交易空间：购物者被商品所吸引时就意味着从动态到静态的转换，由步行空间进入店铺以完成交易活动。

在商业中心内，引力核心即主力店，是消费力的锚固点，也是商业吸引力的主要来源。为了引导购物者在商业空间内不断流动，首先要解决的就是这种动力的来源——引力核心。引力核心是商业中心内具有向心力的热点，它的作用一是吸引客流的聚集，二是拉动客流的运动，前者取决于引力核心的类型，而后者则与布局形式有关。

所谓聚客能力，就是吸引客流到场并驻足的原因，尤其对于现代商业而言消费不再是单一的商品买卖行为，而是逐渐成为一种与其他元素相互"共生"的活动，引力核心的意义与范围得到了拓展，任何可以汇集人流的元素，如购物、旅游、娱乐、交通、教育等都有可能成为引力核心。

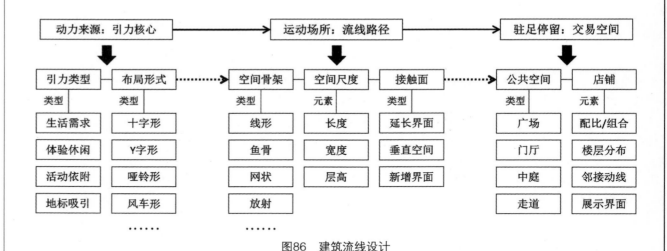

图86　建筑流线设计

表36　商业中心引力核心类型

类型	生活需求型	体验休闲型	活动依附型	地标吸引型
引力特征	为购物者便利地提供品类丰富的商品以满足日常生活的必需，通常仅限于目的性的消费	以休闲活动、家庭娱乐等作为商业吸引力的新增长点，将购物融入居民的生活方式之中，并为购物者带来了愉悦的购物体验	借助周边的交通枢纽、旅游景点、成熟商圈等的人气为商业中心聚集客流	城市核心地带或具有地标性意义的商业中心拥有天然的吸引力优势
设计特点/竞争优势	以高效、实用为核心，即在有限的经营空间内提供品类最全、价格最优的商品，最大化地满足居民的生活需求	购物与游乐场、电影院、餐饮美食等多种业态结合，打造城市居民假日休闲的场所	设计即是"借力"的过程，从经营内容到空间布局都必须与所依托的目的性活动相适应	利用"眼球效应"，形成醒目、夸张的建筑效果，同时对业态内容进行主题化、个性化的打造使之成为时尚与潮流的前沿
典型实例	大型生活类超市，如家乐福、沃尔玛	一站式的商业中心	以儿童为核心的家庭消费，如迪士尼乐园的配套商业中心	城市中的"第一高楼"

表37　引力核心的布局原则与方法

原则	引力的有效性	引力的均衡性	
		水平方向	垂直方向
设计方式	引力核心的布局方式应与自身的特征以及周边环境相适应，通过入口选择、空间靠近、业态借势、顺应客流运动方向等方式扩大引力的作用	尽可能地将引力核心均匀布置在整个场地范围内，以实现资源的均享并增加空间的利用效率	①顺畅的垂直交通；②富于吸引力的活动；③高层的入口设置
实例	①风景区内的旅游购物中心应尽可能发挥周边景观的优势；②地标型的商业中心需要考虑到城市中视觉的可达性和显著性；③地铁上盖商业应与交通枢纽实现无缝衔接	理想状态下，引力核心均匀地分布在场地的周边，凭借其强大的吸引力，引导不同方向的人流的汇聚	将一些目的性活动作为引力核心置于上层，诸如影院、餐饮、游乐设施等，以带动客流自觉地向上运动

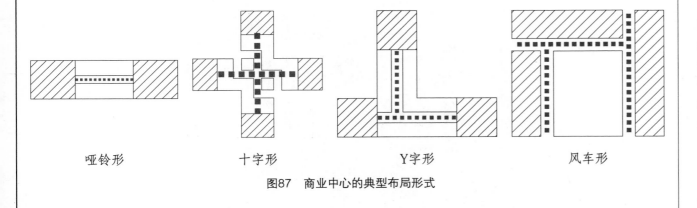

哑铃形　　　　十字形　　　　Y字形　　　　风车形

图87　商业中心的典型布局形式

无论何种商业中心，其平面布局的原则都是要求尽可能地扩大有效沿街面，以便让购物者接触到更多的消费界面。因此，主力店的布置须遵循分散的原则，安排的选址应能让购物者浏览整个商业中心，并且能够经过尽可能多的沿街店铺。

主力店的布局其本质是一样的，只是在数量上有所区别。在设计中应根据场地特征、商业定位、招商策划等因素确定主力店的种类、数量和位置，并以步行街连接各个主力店，而后沿步行街两侧布置非主力店。

在确定商业中心的核心租户布局时，应考虑以下因素的影响：

①租户对选址的适应性，以及租户能够支付的租金；

②商圈内消费者对于某类租户的倾向性；

③相邻租户的兼容性和互补性；

④租户后勤货流的便利性与停车需求。

商业中心内的引力核心是商业的锚固点与驱动力，同时也决定了商业中心的空间组织形式。在设计规划中应根据引力的类型与特征采取相应的策略，对客流进行重复高效的利用。例如某些超市发现，顾客通常会一起购买面包与牛奶，于是将这两类商品分开摆放，让顾客在购买的时候尽可能多地经过其他货架，以带动其他商品的销售，这就是引力对于客流引导最简单的实例。

引力核心最典型的布局形式就是美国的郊区购物中心，"哑铃形"的布局将主力店分布在场地的两端，中间通过步行街进行连接，同时沿街布置小型的零售店铺，使购物者可以经过每一个橱窗。事实上，无论何种类型的商业中心，其引力核心的布局都应起到天平的作用，协调不同区域间的平衡，以吸引购物者去游览商业中心的各个角落。

客流是商业中心最大的资源，购物者在步行街内流动起来就能带动周边的消费，为沿途的商家带来商机，而对于购物者，路径则为他们提供了获取商品信息的场所。因此现代商业中心内步行街和路径的意义在于，首先它作为承载和引导客流的场所串联起商业中心的各个区域形成空间骨架，同时其适宜的尺度将购物者限定在一定的空间内进行有效的运动，最后由店铺橱窗所形成的连续界面极大地增加了购物者与商品接触的机会。

1.选择路径类型

商业地产开发的目的在于使资源利用最大化，以获得投资回报的最大化。因此，现代商业建筑内洄游路径的设计目标，就是让顾客在购物过程中按照经营者的意愿穿越尽可能多的商店，增加与商品的接触机会，以触发消费行为的产生。

在洄游路径的设计中，首先应该确定路径的类型，选择采用单走道还是多走道的形式。

当商业中心内只有一个或两个主力店时，步行街通常采用单走道的形式。单走道具有明确的方向性，路径清晰明确，可以保证购物者逛完所有商店。

多走道的商街形式适用于具有多个主力店的商业中心，其自身可形成多处环流，有效增加沿街界面，但是路径的指示性弱，人流的运动往往处于无目的的漫游状态。

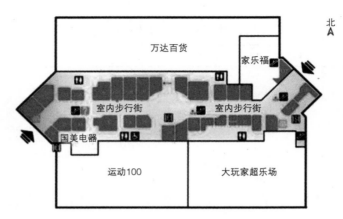

图88　北京石景山万达广场

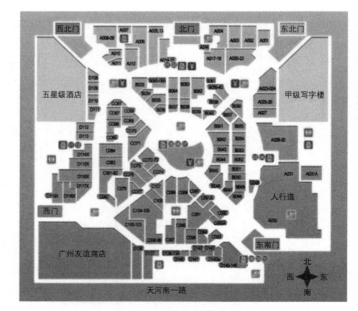

图89　广州正佳广场

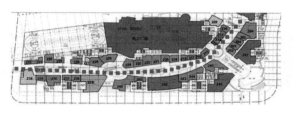

图90　曲线形：天津大悦城

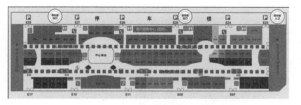

图91　哑铃形：北京金源Mall

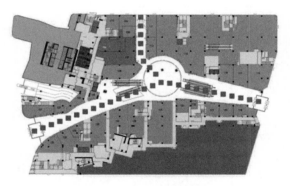

图92　Y字形：北京财富中心

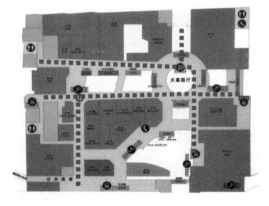

图93　十字形：北京西单大悦城

2.确立布局形式

　　相比于传统百货商店中不可控的顾客流动，商业中心最显著的特征之一就在于它在各区域间确立了主次分明、井然有序的空间骨架，并为客流的运动提供指引与暗示。

　　步行街不仅在各个分散的店铺间建立了便捷的连接通道，同时也将商业中心的主体骨架划分为"步行街+主力店+沿街店铺"的模式，与引力核心一起决定了商业空间的基本结构。步行街的常见形态包括线形、鱼骨形、网状以及自由形式等，不同的形态适用于不同的商业环境与氛围：

　　①线形：具有一定的封闭性和独立性，多用于安静、分离的空间中。

　　②鱼骨形：属于一种较中性的连接手段，不提供明确的方位，适用于重复性空间的分割。

　　③网状：能够形成多个环路，增加沿街面，但缺少主要的组织流线，容易造成混乱。

　　④自由形式：易于形成动态空间，容易产生偶发行为。

　　⑤放射形：具有强烈的汇聚作用和向心作用，方向性弱。

　　⑥立体式：能在水平方向和垂直方向进行立体式的延展，既增加了上下空间的交往又可以让空间变得富有层次。

　　一般来说，简捷的路线易于辨认位置和方向，但过于直接明确的路径则不利于留住购物者、延长他们的停留时间，因此适当地改变步行街的方向和形态是必要的。同样的，变化过于频繁、形态过于复杂的路线容易迷惑购物者，让他们失去方向感、结果适得其反。此外，步行街过于丰富的变化会分散人流，使得购物过程缺乏有效的组织和引导。

此外，为了增加边缘黏性，步行街的形态设计通常具有适当的涡流与洄游，通过转折和变化保证步行街不致过于畅通，以减缓顾客流速，增加与商品接触机会，引发停滞和消费。此外，良好的步行街形态设计还需要维持各零售商之间人流量的总体均衡，保证所有承租户的人流通行量最大化。

3.保证人流分布均衡性

商业中心是作为一个整体而存在的，某一局部区域的过冷或过热都不利于整体商业价值的提升。因此在流线路径的设计中必须保证人流在空间上的均衡分布，其中最有效的方式就是建立客流的洄游路径，避免出现死角和尽端路。

①顾客流线的组织应保证能够从最佳视角全方位地展示店铺与商品，在商业死角处只布置非商业用途的服务性用房。

②将水平购物流线分为主要、次要通道，并通过主次街的组合、空间的变化、色彩材料的暗示等，形成相应空间层次与逻辑，以引导客流按照经营者的意愿流动。

③对于单走道的步行街而言，一般会在中庭内设置岛状商亭或连廊，引导人流回转；而在多走道的商业中心内，通过主次街的组合可以形成自身的环路，使得流线可以不断延续。

④利用空间设计、设施分布等手段拉动次要通道商铺的人流量，例如可将收银台、卫生间、楼层休息区等部分功能性用房设置在次要通道上，或者借助装饰、材料、照明等手段，提高次要通道的吸引力。

表38   步行街所形成的不同空间结构实例比较

实例	上海大悦城		广州正佳广场	
空间结构				
空间特征	利用环状的通道形成统一的大空间，串联起各个引力核心		十字形通道将整体划分成若干个小空间，布局紧凑，富于变化	
客流分布	各区域完全平衡均势，客流分布均匀		十字形的交汇处是人流汇集的中心	
空间氛围	整体氛围简洁而庄重		空间富有活力，适用于时尚、年轻的主题	

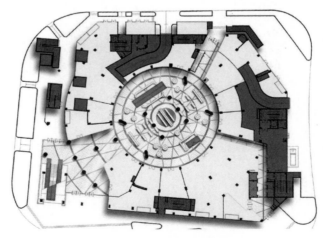

图94   上海大悦城平面图

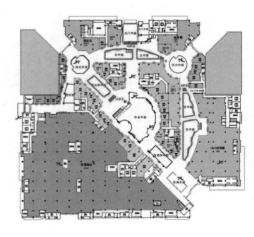

图95   广州正佳广场平面图

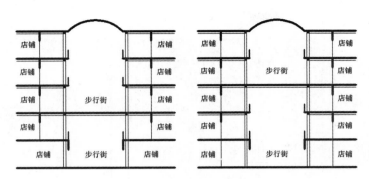

图96　步行街典型剖面

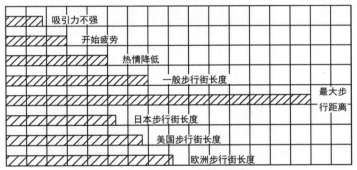

图97　步行距离比较

表39　商业中心步行街设计中的空间尺度

长度	宽度	高度
室内步行街的长度一般在280～400m范围内，以280～350m居多，来回一周总长度约550～700m。由于人在漫步时的速度约为3km/h，300m是步行6分钟的距离，考虑到逛街的特点，一般要走10～20分钟，来回30分钟左右，基本符合大多数人的购物习惯。 　此外，由于人步行时开始疲劳的距离为200～300m，而300～500m步行的热情开始逐渐降低，因此步行街距离不宜过长，同时要注意在每隔200m的距离上设立相应的休息空间或刺激节点，以便对购物者的疲劳点进行缓冲	通常情况下，带有中庭的步行街其底层宽度一般在10～20m，以保证购物者能够看清两边橱窗里的陈列商品；单层室内步行街一般在8m以上，当其中布置有座椅、花草、小品等时，其宽度可做到12～15m；对于多层室内步行街，若在单侧布置商店，一般为4～6m，若沿双侧布置，则为5～8m，最多可达10m以上；对于次一级的步行街，其宽度一般为主通道3.6～6m，次通道1.8～2.4m	一般来说，单层室内步行街的净高不宜小于5.5m；而多层室内步行街的高度受到设备的影响，常把营业空间净高降到最低限度，但也不应低于3～4m，以免造成压迫感和封闭感

步行街由商业街发展而来，是商业中心的核心组成元素，也是组织和联系各个承租户的纽带。作为商业中心内最具商业价值的公共空间，步行街设计的基本原则就是增大边缘的黏性，包括扩大边缘长度、适当的涡流与洄游，增加界面吸引力等。

在商业中心的步行街设计中，店铺通常分布在一侧或两侧，中间为通高的中庭，其中有自动扶梯将人流带至各层，并有天桥联系两侧。室内步行街贯穿整个城市综合体，是人流洄游的路径，构成了室内步行空间体系的骨架。

1.长度

增加步行街长度可以获得更多的出租界面，有利于商业中心的运营。但是过长的距离会使购物者感到疲惫，从而降低购物热情，因此设计者应从商业与人性化结合的角度来确定步行街长度。

当步行街长度受到场地限制时，可以通过适当的设计手段获得更多的沿街面积。例如将直线型步行街改为曲线型，增加界面举折，形成内凹院落等。

2.宽度

顾客通过步行街的速度与其界面面积成反比。因此，步行街的宽度需要根据人流量预测来决定，宽度过大会导致人流快速通过，缺乏滞留性，同时不便于顾客看清橱窗中的商品，宽度过小则会引起通行不畅，严重影响购物体验。

3.高度

适当地增加首层高度可以营造出开阔、豪华的入口空间，提升商业中心的整体档次与形象。

4.界面

步行街的作用是为店铺提供沿街展示面，其界面可通过橱窗的视知觉吸引力、曲折空间、趣味中心、景观小品等带来的黏性，以吸引购物者前往。

商业中心室内步行街的界面形式是其重要特征，它向人们传达着空间的整体印象。步行街的界面包括两侧沿街面、底面及顶面，在设计中既要有良好的尺度感和统一性，又要富于变化，以避免空间的单调和缺乏个性。

在水平方向，步行街和商店之间的界限趋于模糊。在视觉上将步行街纳入店铺空间，使其成为商业的扩展，可以令空间更为丰富。在垂直方向，室内步行街应强调多层空间之间的流通，以形成整体的空间特色。

（1）侧面

橱窗：简洁、明快、通透，富于个性，能展示品牌特点，吸引购物者的目光。

标志广告：色彩鲜艳醒目，营造整体的商业氛围，形成琳琅满目的商业空间。

（2）底面

铺地：划分空间，引导人流，易清洁，同时应注意无障碍设计。

（3）顶面

吊顶，屋顶：自然光与人工光结合，创造出明亮舒适、贴近自然的购物环境。

图98　北京朝阳大悦城   图99　北京新中关   图100　北京东直门来福士

图101　北京东方广场   图102　北京西单大悦城

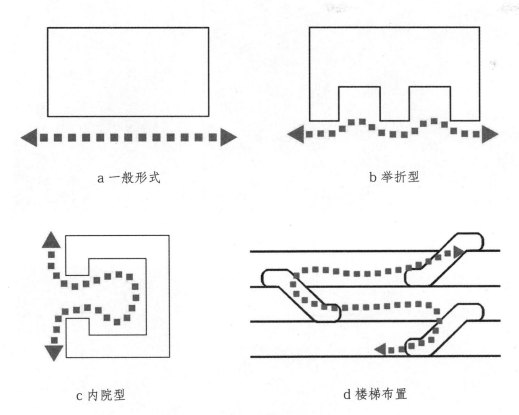

a 一般形式

b 举折型

c 内院型

d 楼梯布置

图103　步行街界面的延长方式

　　一般来说，购物者与商品的接触面积越大、接受的信息越多，购买的可能性就越大。所以，在设计中争取更多的商业界面不仅可以增加购买的概率，还可以获得更多的出租面积。因此步行街的设计目标之一就是在有限空间内最大限度地扩大购物者与商品的接触面积，这种接触面的扩展体现在各个维度上。

1.延长界面

　　当步行街长度受到场地限制时，可以通过适当的调整获得更多的沿街面积。在平面上，可以将直线型步行街改为曲线型，增加界面举折，或形成内凹院落，在有限的距离内获得更多的店面宽度。在某些特产或纪念品商店中这种手法达到了极致，商家通过对货架进行"迷宫"式的排列，从而强迫购物者经过每一件商品。在剖面上，利用楼梯、电梯交错布置等方式，也可以迫使上下行的购物者经过更多的店面。

2.增加垂直空间

　　由于客流固有的运动规律，首层的沿街店铺通常具有最高的商业潜力，因此其界面必须得到最充分的利用。商业中心内一些大型品牌如ZARA、H&M等经常会占据两层营业空间，并在店铺内部设置独立的楼梯进行连接。由于购物者在同一店铺内垂直流动更为容易，因此这种方式使得二层的空间得以有效借助经过首层界面的客流，实际上在单层面积有限的情况下拓展了经营的空间。

3.新增界面

　　由于商业中心内各类设备或服务用房等的设置需要，步行街的连续性经常会被打断，从而造成这一界面不能得到有效的利用。在这种情况下，如果能在界面的两端设置特定的出入口进行连接，就能重新建立购物者的运动路径，将原本的背部空间转化为商业界面，其实质就是在步行街主体之外创造了新的路径。

　　在传统的集市、商街、百货商店中，走道的作用只是为顾客提供通行的可能性，却无法左右他们对于购物线路的选择，而现代的商业中心设计可以利用各种手段来指引客流的行进过程，按照商品交易的要求引导整个购物活动的完成，使到场客流被最高效地组织利用起来，促成更多交易的可能。

图104　北京西单大悦城与北京国贸商城

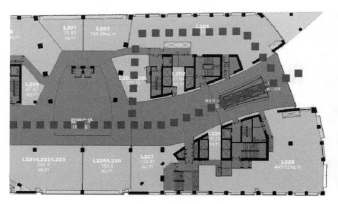

平面　　　　　　　　　　　　　　　　入口

图105　北京新中关

表40　沿中庭周边布置的自动扶梯可分为以下几种形式

类型	通行能力	便捷性	不利因素
自动扶梯	80人/分	方便，快捷	需要配套机械
电梯	13～27人/次	可作为无障碍设施	需要配套机械
1.5m宽楼梯	20～25人/分	较差	视觉遮挡
1.5m宽坡道	15～20人/分	无障碍设施	坡段过长

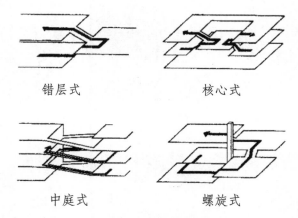

错层式　　　　　核心式

中庭式　　　　　螺旋式

图106　楼梯组合方式

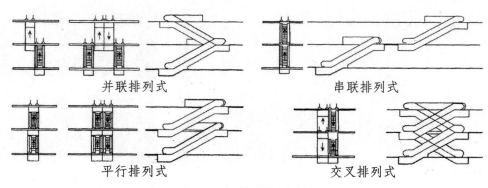

并联排列式　　　　　　　　串联排列式

平行排列式　　　　　　　　交叉排列式

图107　自动扶梯组合方式

对于多层商业中心而言，除了水平方向的流线设计，还应考虑垂直方向的人流引导。引导人流垂直向上运动有助于提升上层租户的人气，提高商业中心的整体价值。垂直引导一般有两种方式：一是借助楼层的业态分布，将目的性消费置于上层，以拉动人流向上运动；二是通过对垂直交通设施的处理，自然而然地吸引购物者到达楼层上部。关于楼层的业态分布将在第六章详细介绍，这里先对垂直交通的设置进行解析。

1.通行能力

综合体中塔楼的垂直交通通常位于核心筒内，而商业中心内的垂直交通则可以结合步行街、中庭布置电梯、楼梯、自动扶梯、坡道等加以解决。其中，自动扶梯的运客能力最强，便捷性较好，适用于大量人流的集中通行，因此它是商业中心内最重要的垂直交通工具。

2.自动扶梯布置方式

在商业中心内，自动扶梯承担了最主要的垂直运输功能，可以有效、快速地运送大量人流。此外，经过设计的自动扶梯还可以成为室内景观。

自动扶梯的组合方式主要有两种类型：一是连续布置，直列式与连续式的自动扶梯上下相接，能够从底层直接上到顶层，中间不需要停顿，便于人流快速上下；二是断续布置，将上下扶梯同向平行布置，上下梯段的入口置于楼层两侧，梯段不连续，两层之间的上下过程需要步行一段距离。前者便于快速通行，后者鼓励购物者在各层停留。

3.垂直引导方式

　　为了引导商业中心内的人流向上运动，可以对垂直交通进行如下的处理：

　　①垂直交通设施靠近入口门厅或位于显著位置，并与各层主要的水平流线相联系，吸引人流向上运动。

　　②利用中庭空间集中布置垂直交通设施，同时增加空间的丰富性和趣味性，提高上部空间的吸引力。

　　③从不同的层面引入人流，如地下商场与地铁连接，商场二层与人行天桥或停车楼连接。

　　④在垂直空间内营造出动感绚丽的景观效果，使得登高过程充满趣味性和吸引力。

　　⑤运用独具特色的垂直交通工具，例如跨越多层的扶梯可以直接将顾客送到较高楼层，或者设置景观梯、螺旋自动扶梯、吊索缆车等吸引设施。

　　⑥为了引导顾客向上运动，经常将某些目的性消费设置于建筑顶层，如影院、餐饮、娱乐等。

　　⑦商业中心内除了顾客以外，还有各种车辆在层间运动，比如轮椅、购物推车、清洁车、货运车等，垂直交通应满足各种推车的使用要求。如果有地下超市时，应设置自动步道，便于购物推车的进出。

　　⑧使用大容量电梯比多个小容量电梯更为有效，此外应设有多部电梯与扶梯，保证在出现故障时不影响正常交通。

图108　北京西单大悦城飞天梯

图109　北京朝阳大悦城飞天梯

图110　北京新中关入口门厅内扶梯

图111　北京东直门来福士围绕中庭水晶莲布置的自动扶梯

图112　北京东直门来福士商业氛围

图113　天津君隆广场商业氛围

推动购物者在路径中运动是商业中心流线引导的方式与过程，而将购物者引入一个个店铺则是最终的目标。当购物者被商品所吸引时行进速度就会减缓，甚至停下脚步以便于进一步地观察和选择。因此购物者驻足停留的场所即交易空间才是最终消费行为发生的场所，也是引导一次交易活动的终点。商业中心内的交易空间包括公共空间与店铺，二者共同为购物者提供了评价、选择与购买商品的场所。

商业中心内公共空间的主要职能是组织空间秩序与营造商业氛围：

1.空间秩序

人的兴奋来源于外界的刺激，在路径中顺应购物者的心理预期，设置相应的节点以形成"起承转合"的空间序列能够维持人们继续探索的欲望。商业中心的公共空间通常位于流线及其交叉点上，一般包括入口广场、门厅、步行街与中庭，在设计中区分各部分的主次关系与不同作用，在适当的场所营造适当的环境刺激，形成秩序化的空间组织，以达到活跃商业气氛、振奋人心的效果。

2.商业氛围

公共空间作为商业中心内客流的汇聚点具有最高的商业价值，其良好的商业氛围与环境有助于激发人们的购买欲望。要实现商业氛围的活跃，最有效的方式就是将商品交易本身融入其中，以此来带动购物的热情。中庭作为商业中心内人流、视线的汇集场和最重要的公共空间，其本质是商业街的室内化和大型化，并承担着社会生活的多项职能，代替传统的广场与街道成为城市生活中新的城市客厅。与商业中心的分类原则相同，中庭按照其不同的功能定位可以分为交易型、交通型、休闲娱乐型。

①交易型。交易型中庭内容纳了各种交易活动。交易活动的本身使空间具有了吸引力，在中庭内植入各种商业设施，不但可以增加商业的效益，还有助于提高购物者的参与性，形成热烈的商业氛围。

②交通型。在交通依附型的商业中心内，中庭是商业建筑与城市交通相联系的重要衔接点。商业的成功依赖于客流而存在，因此，对于交通型的中庭其设计的关键在于如何将交通客流有效地转化为商业客流。其位置选择应考虑商业与城市的关系，面向主要人流的来向，并与广场、天桥公共站点、轨道交通等有紧密的连接。

③休闲娱乐型。休闲型的中庭为购物者提供了休息和观赏的区域，是商业中心内停顿或休憩的空间，并在很大程度上决定了人们是否会长时间地停留在商业中心内。

在现代商业中心内，中庭的作用越来越重要，除了作为传统的公共空间外，经营者开始逐渐赋予其更多的内容与意义，形成了新的发展趋势：

①多功能化。如果商业中心内中庭的功能过于局限，会使空间丧失多样性和灵活性，从而降低了对消费者的吸引力。中庭作为最大的共享空间，为不同功能的融合提供了可能性，包括休闲娱乐、商业展销、促销活动等，并可以通过设置活动舞台和布景等来实现空间的灵活使用。

②效益化。中庭空间通常体量巨大，并且贯通数层，但是由于其中缺少相应的活动设施，往往显得过于空旷、大而无当。因此可以结合空间的设计，在中庭内设置大型广告或小型的餐饮、零售设施，提高空间的使用效率。

③公众参与。人在空间中的活动具有连锁性，单一化的活动很难再引发其他活动的产生，从而导致商业的活力下降。只有当中庭空间内出现了各种活动，并引起更多人的关注和兴趣，吸引顾客参与其中，有了人与人的交往，商业中心才能提升人气。

图114　香港太古广场交通型中庭

图115　北京新中关购物中心休闲娱乐型中庭

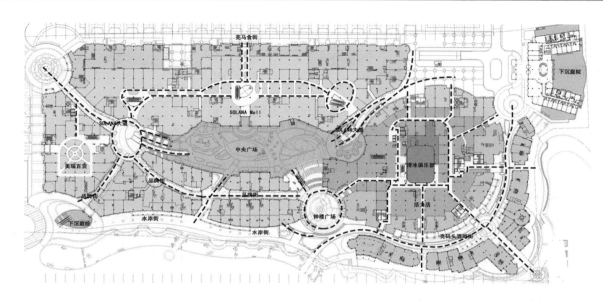

　　店铺是商业中心租金收入的主要来源，也是购买行为最终发生的场所。为了实现其商业价值的最大化，店铺单元的布局与空间划分应遵循均好性与最优化的原则。

　　①均好性：商业中心的步行街没有"最好的临街面"，店铺沿着步行街两侧均匀分布，借助主力店带来的客流进行商业活动。由于流线的设计直接决定了店铺与购物者接触的频率以及商品交易发生的可能性，所以店铺在步行街中的流线与视线的可达性缺一不可。

　　②价值最大化：商业中心不是单纯地将大量店铺单元简单地集中起来，而是通过业态配比、楼层分布、界面划分等方式控制店铺间的组合，保证正常有序的经营，例如租金收益与聚客能力间的平衡，同类或相关业态间的聚集，只有协调好各方的利益与需求才能提升商业中心整体销售收益。

图116　蓝色港湾店铺空间

  商业中心的消防疏散设计可以分为传统规范设计和消防性能化设计。

  在实际工程中，由于各地的消防主管部门对于消防规范条款的理解不完全一致，要求也不尽相同，因此在设计时应按照当地的具体条例进行调整。

  设计流程：

  ①在理想条件下，设定基本的空间单元；

  ②逐条比对相应的消防规范，确定空间尺度，形成符合消防要求的标准单元；

  ③标准单元与电梯、卫生间等其他功能结合，形成功能核模块；

  ④按照实际使用需求将功能核模块布置在建筑空间中。

表41 大型商业中心设计中遵循《建筑设计防火规范》的主要难点

条文类型	建筑设计防火规范条文	遵循规范的侧重点
防火分区	第5.1.7条 防火分区的面积≤2500m²/区，当设置自动灭火系统时≤5000m²/区； 第5.1.9条 当多层建筑内设置自动扶梯、敞开楼梯等上下层相连通的开口时,其防火分区面积应按上下层相连通的面积叠加计算	要求空间开敞、连续，难于进行防火分区划分，中庭及回廊防火分区面积>5000m²/区
防火分隔	第5.1.11条 防火分区之间应采用防火墙、特级防火卷帘等防火分隔设施分隔； 第5.1.10条 建筑内设置中庭时，其防火分区面积应按上下层相连通的面积叠加计算，当超过一个防火分区最大允许面积时：1.房间与中庭相通的开口部位应设置能自行关闭的甲级防火门窗；2.与中庭相通的过厅、通道等处应设甲级防火门或防火卷帘	商铺的正常使用、美观因素决定了面向中庭的商铺店面难以采用防火墙或防火卷帘进行分隔
疏散宽度	第5.3.17条 人数计算指标： 地下商店建筑面积×0.7×换算系数 地上商店建筑面积×0.5×换算系数楼层 换算系数：地下二层0.8，地下一层0.85，首层、二层0.85，三层0.77，四层及以上0.60； 第5.3.17条 商店每层疏散走道、安全出口、疏散楼梯以及房间疏散门的每100人净宽度指标：楼层位置与宽度：−10.0m以下1.0m；−10.0m到地面 0.75m；首层、二层0.65m；三层 0.75m；四层及以上 1.0m	对于中庭回廊以及后勤走廊的人数计算没有合理的依据，疏散走道、楼梯总宽度将大大超出实际需要值
疏散距离	第5.3.13条 房间疏散门至最近安全出口的距离应符合：位于两个安全出口之间的疏散门≤40m，位于袋形走道两侧或尽端的疏散门≤22m；建筑物内全部设置自动喷水灭火系统时，其安全疏散距离可增加25%； 第5.3.13条 室内任何一点至最近安全出口的直线距离不宜大于30.0m	疏散楼梯间等辅助设施的后置，使商场内店铺各处至安全出口的直线距离超过30m；从室内疏散出口至楼梯疏散距离超过40m；或尽端房间至楼梯距离超过20m
首层疏散	第5.3.13条 首层应设置直通室外的安全出口或在首层采用扩大封闭楼梯间。当层数不超过4层时，可将直通室外的安全出口设置在离楼梯间小于等于15m处； 第7.4.2条 防烟楼梯在首层可将走道和门厅等包括在楼梯间前室内，形成扩大的防烟前室，但应采用乙级防火门等措施与其他走道和房间隔开	由于项目用地深度较大，疏散楼梯无法全部靠外墙设置，部分疏散楼梯在首层须经过公共回廊，再通向室外出口
防火墙	表5.1.1条 耐火极限不低于3.00小时不燃烧体； 第7.5.3条 作防火分隔的防火卷帘的耐火极限不应低于3.00小时； 第7.1.5条 设置固定的或火灾时能自动关闭的甲级防火门窗	无法在所有防火分区的边界采用规范描述的防火墙，如店面与中庭回廊之间
疏散走道隔墙	第5.1.1条 耐火极限不低于1.00小时不燃烧体	设计美观问题
挡烟垂壁	第9.4.2条 宜采用隔墙、顶棚下凸出不小于500mm的结构梁以及顶棚或吊顶下凸出不小于500mm的不燃烧体	设计美观问题
排烟设施	第9.1.3条 中庭应设置排烟设施； 第9.2.2条 中庭自然排烟口的净面积不应小于该中庭楼地面面积的5%； 第9.4.1条 设置排烟设施的场所当不具备自然排烟条件时，应设置机械排烟设施	设计美观问题

[表格来源：杨焰文，罗铁斌.大型购物中心空间形态布局的建筑消防设计策略分析——以四个大型综合商业项目设计为例.南方建筑，2011（3）.]

表42　大型商业中心设计中遵循《高层建筑设计防火规范》的主要难点

条文类型	高层民用建筑设计防火规范条文	遵循规范的侧重点
防火分区	第5.1.2条　高层建筑内的商业营业厅当设有火灾自动报警系统和自动灭火系统，且采用不燃烧或难燃烧材料装修时，地上部分防火分区≤4000m²/区，地下部分防火分区≤2000m²/区	共享空间规模大，要求空间开敞、视觉连续，形态流畅，难以按规范的面积要求进行防火分区划分
防火分隔	第5.1.1、5.4.4条　应采用防火墙或可采用特级防火卷帘划分防火分区； 第5.1.5条　高层建筑中庭防火分区面积应按上、下层连通的面积叠加计算，当超过一个防火分区面积时： 1. 房间与中庭回廊相通的门、窗，应设自行关闭的乙级防火门、窗； 2.与中庭相通的过厅、通道等，应设乙级防火门或耐火极限大于3小时的防火卷帘分隔	自由形态的中庭空间与防火卷帘划分产生矛盾；回廊空间与商业空间需要被分隔
防烟分区	第5.1.6条　净高不超过6m的房间，防烟分区的建筑面积宜≤500m²/区	共享空间多数达到几十米，分区的定义和实现难度大
疏散宽度	人数计算指标参照《建筑设计防火规范》；第6.1.10条　疏散楼梯间及其前室的门的净宽应按通过人数每100人不小于1m	疏散楼梯宽度需要较大；另计算标准较笼统
疏散距离	第6.1.5条　房间疏散门至最近安全出口的距离应符合：位于两个安全出口之间的疏散门≤40m，位于袋形走道两侧或尽端的疏散门≤20m；第6.1.7条　室内任何一点至最近安全出口的直线距离不宜大于30m	商业空间疏散模式与规范规定不尽相同，距离与商场的流线及空间特征关系密切
首层疏散	第6.2.6条　疏散楼梯间在首层应有直通室外的出口	建筑平面大疏散楼梯不能全部靠外墙设置，部分疏散楼梯需经过公共回廊再通向室外
防火墙	表3.0.2　耐火极限不低于3小时不燃烧体；第5.4.4条　作防火分隔的防火卷帘的耐火极限不应低于3小时；第5.2.3条　防火墙上开洞时应设置固定的或火灾时能自动关闭的甲级防火门窗	公共空间回廊和店铺之间由于美观原因，材料选择往往难以达到规范要求
疏散走道两侧隔墙	表3.0.2　耐火极限不低于1小时不燃烧体	商场大空间中，疏散通道界面情况多变
排烟设施	根据第8.4.1条　一类高层建筑和建筑高度超过32m的二类高层建筑不具备自然排烟条件或净空高度超过12m中庭，应设置机械排烟设施	大空间设计往往超标，给建筑设计和排烟设备美观带来挑战
自动喷水灭火系统	第5.1.2.3条　中庭每层回廊应设有自动喷水灭火系统	大空间中灭火效果及设计美观问题
火灾自动报警系统	第5.1.2.4条　中庭每层回廊应设有火灾自动报警系统	设计美观问题

[表格来源：杨焰文，罗铁斌.大型购物中心空间形态布局的建筑消防设计策略分析——以四个大型综合商业项目设计为例.南方建筑，2011（3）.]

1.消防标准单元

（1）疏散距离和平面

根据《建筑设计防火规范 》GB 50016-2006，第5.3.13条规定："一、二级耐火等级建筑物内的营业厅，其室内任何一点至最近安全出口的直线距离不大于30m 。"

因此，任何内切于半径为30m的圆的矩形，当4个角部均设有疏散楼梯时都符合疏散距离的要求，而当标准单元的宽度小于30m时，则可将疏散楼梯减少为2部。如右图所示，边长为42m的正方形单元和长宽分别为52m、30m的长方形单元均符合消防疏散的要求。

（2）疏散宽度计算

根据《建筑设计防火规范》GB 50016—2006，第5.3.17条的规定：

总疏散宽度=营业面积×面积折算值（50%～70%）×疏散人数换算系数×每100人疏散净宽度

当消防标准单元为边长42m的正方形平面时，并且各项系数按最大值选取，其疏散宽度为1800×70%×0.6×0.01=7.56m。

（3）疏散楼梯布置

假定在单元角部设置4部楼梯，每部疏散楼梯净宽为1.9m，若设为剪刀梯，则可以减少到1m。

当单元宽度大于30m时，应设置4部疏散梯，当层数不超过4 层时，在距离楼梯间15m 处设置直通室外的安全出口，此时标准单元的最大尺寸为42m×72m=3024m²。

当单元宽度小于30m时，可设置2部剪刀梯疏散，当层数不超过4 层时，在距离楼梯间15m 处设置直通室外的安全出口，此时标准单元的最大尺寸为30m×80m=2400m²。

当建筑内安装有自动喷淋时，防火分区最大面积为5000m²，每2～4个标准单元可以合并成一个防火分区。

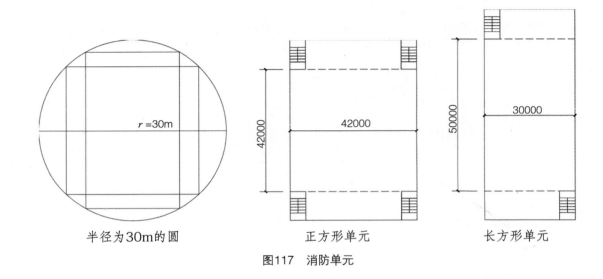

半径为30m的圆   正方形单元   长方形单元

图117 消防单元

表43 疏散走道、安全出口、疏散楼梯和房间疏散门每100人的净宽度（m）

楼层位置	耐火等级		
	一、二级	三级	四级
地上一、二层	0.65	0.75	1.00
地上三层	0.75	1.00	–
地上四层及四层以上各层	1.00	1.25	–
与地面出入口地面的高差不超过10m的地下建筑	0.75	–	–

（表格来源：《建筑设计防火规范》GB 50016—2006）

表44　不同单元组合形式比较

类型	聚集形	线形
平面	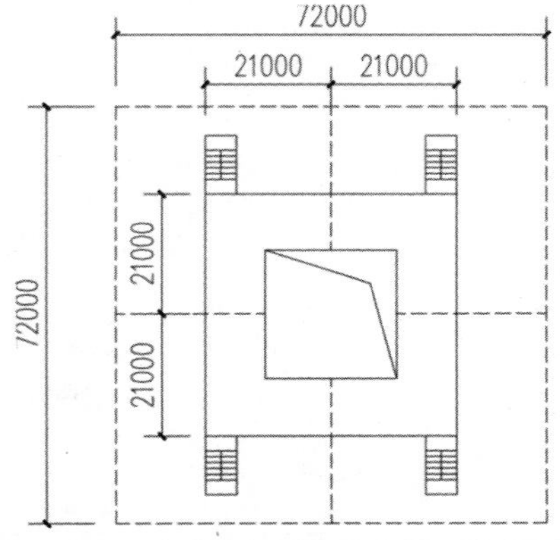	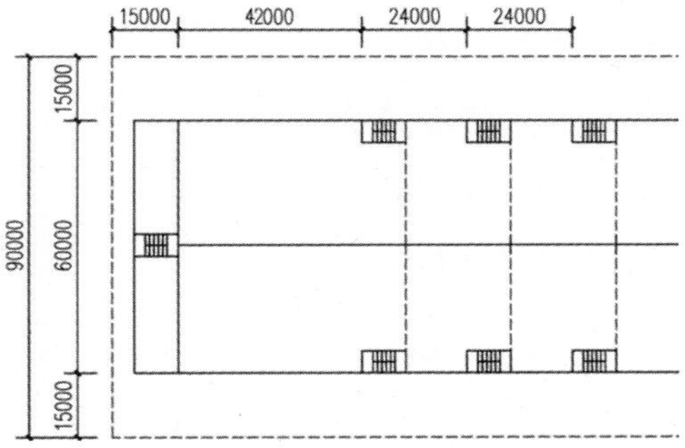
特征	标准单元围绕中庭布置形成组团,中庭独立成为一个防火分区	一系列的标准单元沿线形展开
进深	建筑最大进深约72m	建筑最大进深约90m
面积	每个组团最大面积为52000m²	长度和面积不受限制
实例	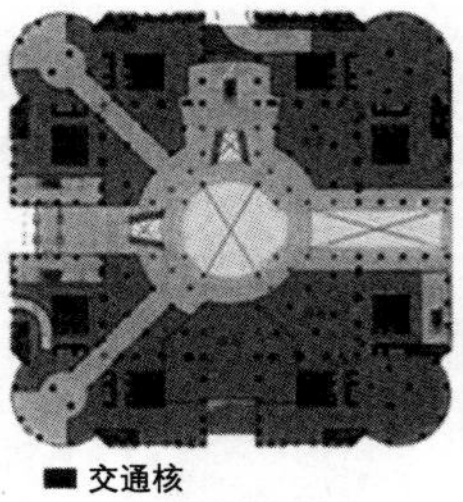 　北京东方广场 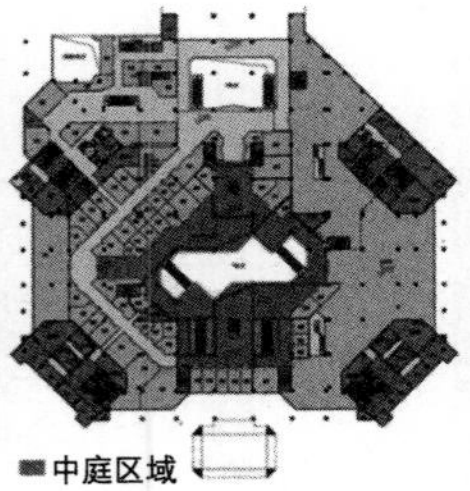　　广州天河广场	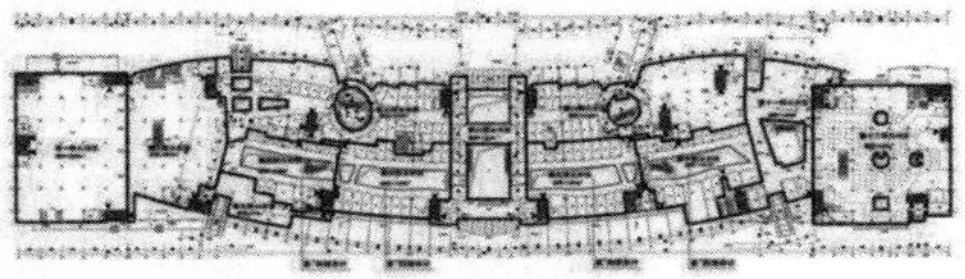 　保利南海商业城

2.单元组合

在确定消防标准单元和疏散楼梯间布置后,就可以对各标准单元进行组合。标准单元的形式多样,不同的单元也可以组合在一起,共同形成整体的建筑空间。一般情况下,2~4个标准单元可以组合成一个防火分区。

3.楼梯间设计

在确定基本的防火分区和疏散策略后，应根据疏散宽度、使用需求、楼电梯组合等对疏散楼梯进行细致化设计。

（1）楼梯样式与尺寸

《商店建筑设计规范 》（JGJ 48–88）要求："营业部分的公用楼梯的每梯段净宽不应小于1.40m，踏步高度不应大于0.16m，踏步宽度不应小于0.28m；每梯段不超过18阶，不少于3阶，台阶尺寸应相同。"《高层民用建筑设计防火规范》（GB 50045–95）（2005年版）要求："营业厅建筑疏散楼梯的最小净宽不应小于1.2m 。"

商业中心内的疏散楼梯一般采用双跑楼梯、四跑楼梯以及剪刀梯。假定楼层高度为5m，疏散宽度为1.9m，则三种楼梯尺寸见表45。由于单跑楼梯占用面积大，最不经济，四跑楼梯受到建筑层高限制，适用性不强，相比之下，剪刀梯适用范围广，且较为经济。

表45　三种楼梯的尺寸对比

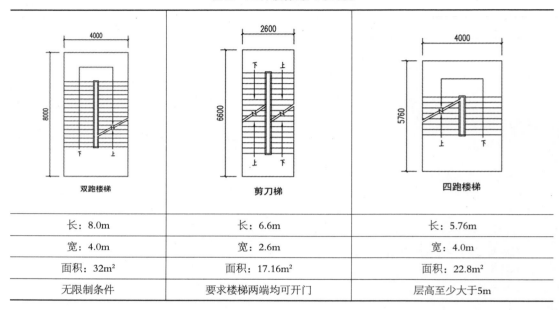

双跑楼梯	剪刀梯	四跑楼梯
长：8.0m	长：6.6m	长：5.76m
宽：4.0m	宽：2.6m	宽：4.0m
面积：32m²	面积：17.16m²	面积：22.8m²
无限制条件	要求楼梯两端均可开门	层高至少大于5m

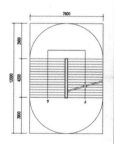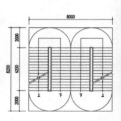

图118　在保证疏散宽度一定的前提下，双分式平行梯比普通楼梯更节省面积

表46 带有防烟前室的剪刀梯比较

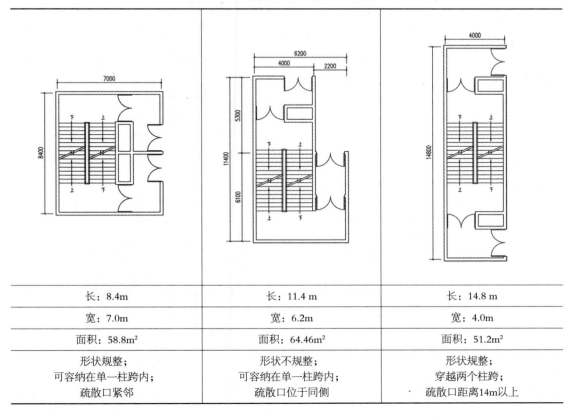

长：8.4m	长：11.4 m	长：14.8 m
宽：7.0m	宽：6.2m	宽：4.0m
面积：58.8m²	面积：64.46m²	面积：51.2m²
形状规整； 可容纳在单一柱跨内； 疏散口紧邻	形状不规整； 可容纳在单一柱跨内； 疏散口位于同侧	形状规整； 穿越两个柱跨； 疏散口距离14m以上

根据柱跨、位置、疏散口的设置等具体要求可以选择不同的组合形式。在同一项目中，楼梯间可作为标准单元模块使用，使材料、构件和施工都标准化，以减少施工作业量。

由于规范要求每梯段不超过18阶，因此在一般情况下，双跑楼梯适用的最大层高不超过5.7m，剪刀梯适用的最小层高不小于4.6m。此外，当采用剪刀梯作为疏散梯时，只算作一个安全出口，两倍疏散宽度，不适用于规范中两个疏散口距离大于5m的规定。

在实际设计中应根据疏散宽度、疏散方向、楼梯间可用尺寸等条件，选择适应的疏散楼梯类型。

（2）楼电梯结合

在商业建筑中，疏散楼梯常与电梯、货梯、消防梯等结合在一起，形成集约的竖向交通核。其中独立的防烟前室不应小于6.0m²，合用前室不应小于10.0m²。

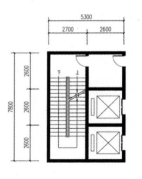
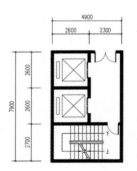
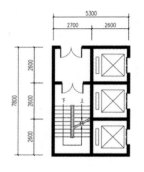
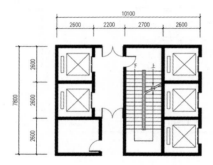
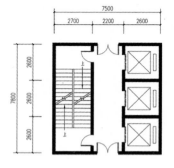
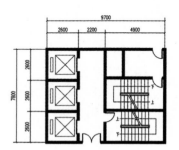

图119　交通核典型组合单元

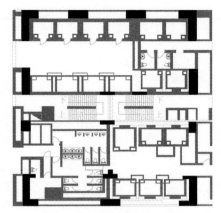

图120 北京国贸中心一期

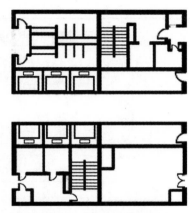

图121 北京银泰中心

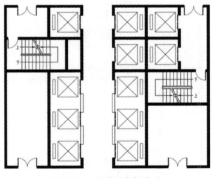

图122 北京财富中心

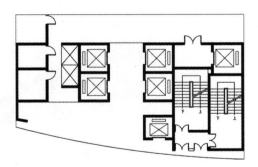

图123 北京新中关

（3）功能核

除电梯外，疏散楼梯还会与仓库、卫生间、后勤用房、设备管道等组合在一起，形成商业中心的功能服务核心。功能核的设计要求除布局紧凑、空间利用率高外，还应该实现客货、洁污分区，避免流线交叉。

（4）平面布局

商业中心内的疏散楼梯多为防烟楼梯，每个防烟楼梯间大约需要占据一个柱跨的面积，因此其空间布局对于商业中心的平面、立面设计有着重要的影响。

表47 楼梯间不同布局方式比较

楼梯位置	平面图示	特征说明
沿建筑外立面布置	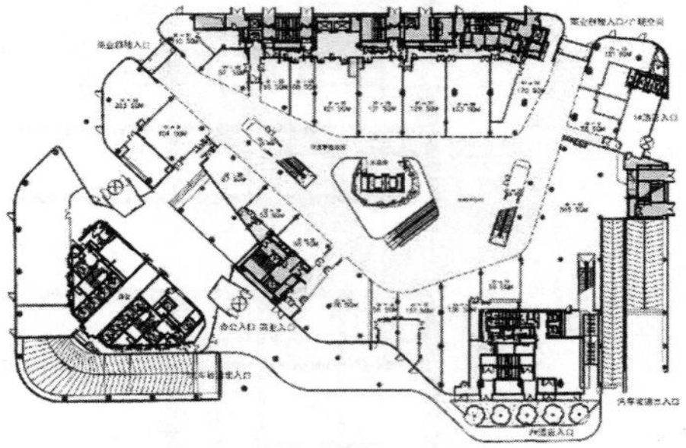	优点：可以保证室内沿步行街店面的连续性和完整性； 缺点：由于疏散距离的要求，会使建筑进深受到限制，同时疏散楼梯占据大量的建筑立面，不利于首层对外沿街店铺的设置
沿室内步行街布置	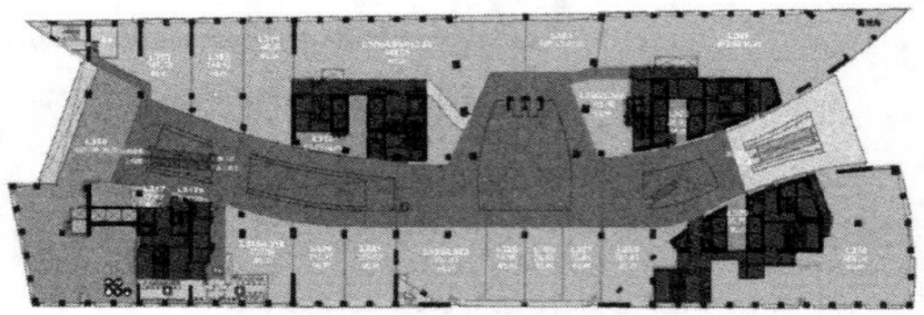	优点：首层立面自由，店铺可以获得良好的对外展示面； 缺点：店铺的连续性被打断，沿街立面减少，建筑的进深扩大
设置在店铺中部	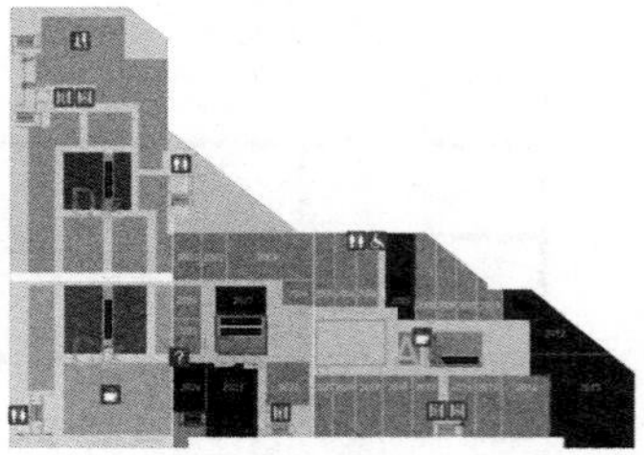	优点：通过走道与室内步行街及室外连接，有效减少了沿街立面的开口数量，兼顾了室内外商业街的完整性，是一种理想模式； 缺点：容易造成店铺空间不规整，对于设计的要求较高
多种布局方式结合		在建筑周边和中部同时布置疏散楼梯，以针对性地满足不同区域内消防疏散的要求

表48 各类安全疏散口设计方式比较

类型	直接开门	走廊连接	装饰要素
特征	疏散口直接面向营业空间，仅用防火门分隔	疏散口通过走廊与营业空间连接	疏散口融入建筑的装饰造型中
优点	①设计、施工简单； ②占用面积最小； ③疏散距离短； ④位置明显，易于疏散	①设计、施工简单； ②占用面积最小； ③疏散距离短； ④位置明显，易于疏散	①设计、施工简单； ②占用面积最小； ③疏散距离短； ④位置明显，易于疏散
缺点	①打断了商业空间的连续界面； ②平时购物者容易误入	①占用一定面积，并对走廊的疏散宽度有要求； ②疏散距离较长	①设计、施工复杂，造价较高； ②不易被发现
设计手法	①采用和墙面相同的材质，尽可能隐藏体量； ②精细化设计，美化造型	①走廊可封闭可开敞； ②可用走廊将服务空间串联起来	通过色彩、材料、造型等形成装饰性空间
适用条件	①面积紧凑； ②建筑进深小	①建筑进深大； ②营业楼层内有独立的后勤空间	有富余面积可供使用
实例	 	 	 

4. 安全疏散口设计

安全疏散口的设置通常会破坏商业的完整界面，因此在设计中多采用隐藏体量的方式进行处理。

传统的建筑消防设计，主要是逐条对照国家或地方相关的规范标准来进行设计、施工和审查监督。但是对于大型商业中心而言，由于受到相关规范的制约，其规模体量与空间变化都受到极大限制，同时也束缚了建筑师的创造性和建筑设计的可能性。在这种情况下，采用消防性能化设计具有明显的优势。

消防性能化设计是以火灾安全工程学的思想为指导，建立以火灾性能为基础的建筑防火设计。对于大型商业中心而言，消防性能化设计的核心点在于——通过各种消防安全手段将共享空间作为亚安全区进行设计，实现对消防疏散的有效组织，以达到与传统的建筑消防设计相同的安全水平。

1.基本组织方式

平面组合：商店+步行街+商店。

消防设计方式：大型主力店内采用传统的消防规范设计，中庭空间采用消防性能化设计。

建筑最大进深约174m=主力店进深67m+中庭进深40m+主力店进深67m。

2."亚安全区（中庭）"要求

①尽可能减少其中的固定火灾荷载；

②控制相邻区域内的烟气不进入或尽可能少地进入"亚安全区"；

③即使相邻区域内发生火灾时部分烟气溢出到"亚安全区"，同时"亚安全区"的烟气也能被顶部的排烟系统迅速排出；

④每个店铺自成防火单元。

3.疏散路径

在发生火灾时，首先应尽可能将其迅速扑灭或遏制蔓延，当无法扑灭时，则应利用安全通道、疏散楼梯等设施保证人员可以快速、顺畅地撤离。

①亚安全区——疏散楼梯——首层亚安全区——室外；

②其他防火单元——亚安全区——（安全通道）——疏散楼梯——首层亚安全区——室外；

③店铺后门——安全走道——疏散楼梯——首层亚安全区——室外；

④安全通道在平时也可作为后勤通道。

4.一般设计步骤

①确立建筑使用的消防安全目标；

②分析建筑性能、使用情况等，设定相应指标；

③假定火灾场景及各类相关参数，包括疏散人数、疏散距离、疏散速度等；

④分析计算，得出采用消防性能化设计的基本要求；

⑤设计消防性能化方案；

⑥模拟火灾场景，并评估建筑使用时的安全性能；

⑦对方案进行优化，比较得出最后的实际使用方案。

表49　性能化与传统防火设计的比较

	传统防火设计	性能化防火设计
应用的经济型	经济	成本高
应用的可操作性	简单方便	复杂繁琐
设计、评估周期	短	长
设计、评估成本	低	高
对新技术、新工艺、新产品的反应	反应滞后，应用受局限	强调个性，利于应用
优势领域	传统建筑	新型建筑
应用建筑量	大量	少量
对人员素质要求	低	高
应用现状	广泛应用的主要方法	少量应用的新方法
法律基础	有	尚不具有
标准体系	完备	尚未确立

（资料来源：陈万红.香港城市大学建筑系火灾安全与灾害研究组，中国科学技术大学火灾科学国家重点实验室.性能化与传统防火设计之比较.火灾科学与消防工程——第四届消防性能化规范发展研讨会论文集.合肥：中国科学技术大学出版社，2007.）

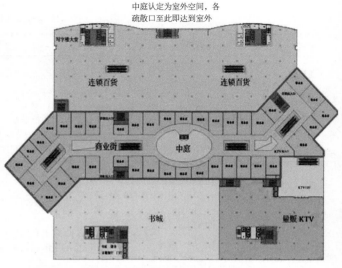

图124　消防性能化设计实例：北京石景山万达广场

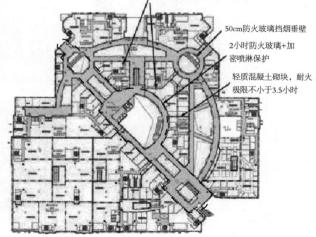

图125　广州正佳商业广场消防分区示意图

图126 北京西单大悦城的地面卸货场与地下卸货场

图127 北京国贸中心后勤车道与后勤卸货场

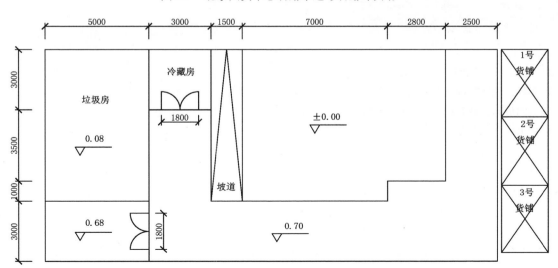

图128 卸货区典型平面

后勤流线作为服务性通道，通常位于隐蔽区域，对营业空间的影响应最小；同时，后勤流线中的人流、物流对于商业中心的正常运营有着重要作用，如疏散楼梯、货运电梯、库房、卫生间、设备用房等，二者间必须建立紧密联系。

后勤流线布置的基本原则：

①后勤流线与顾客流线分离，互不干扰；

②以最小的面积实现后勤活动的高效运行，满足商家利益最大化的追求。

后勤车辆的卸货区通常设置在地下车库或后勤内院中，并与商业中心内的后勤通道紧密联系。其规模由进货车辆的车型、数量和卸货时间决定。

一般情况下，卸货区与后勤停车场结合设计，其基本要求是：

①每万平方米商业面积需25～30m²的卸货区，并且每个卸货区的停车位不少于3个，一个货车位，一个集装箱车位，一个垃圾运输车位；

②卸货平台的深度不小于3m，应与库房地面同标高，高度为0.7～1.0m，两侧设置台阶踏步和坡道，便于人行和货物的搬用；

③垃圾装运平台与卸货平台应分设，物理隔绝，确保洁污分流；

④通常将商品管理办公室布置在卸货场附近，可以在货物进出的同时方便员工的出入；

⑤对于多层的购物中心，应在卸货区就近布置方便员工和货物上下的垂直交通，提高工作效率。

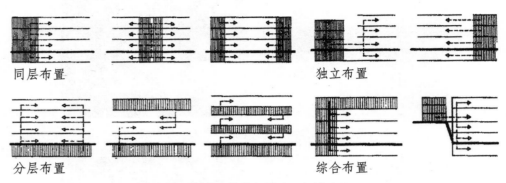

同层布置　　　　　　　　　　　　　独立布置

分层布置　　　　　　　　　　　　　综合布置

图129　营业部分与辅助业务的关系

图130　北京石景山万达广场：地下车库中部为停车场，周围区域为仓库和办公区，与地上建筑的后勤区域有直接的垂直交通联系

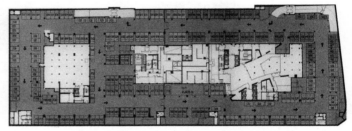

图131　北京新中关：地下车库周围区域为停车场，中部为仓库和办公区，与地上建筑后勤区域有直接的垂直交通联系

表50　商店建筑面积分配比例

建筑面积（m²）	营业（%）	仓储（%）	辅助（%）
>15000	>34	<34	<32
3000～15000	>45	<30	<25
<3000	>55	<27	<18

注：
1. 商店建筑，如营业部分混有大量仓储面积时，可仅采用其辅助部分配比；
2. 仓储及辅助部分建筑可不全部建在同一基地内；
3. 如城市设置集中商品储配库和社会服务设施等较完善时，可适当调减仓储、辅助部分配比。

表51　分类商业库房建筑面积分配比例表

货物名称	库房面积（m²/每个售货单位）
首饰、钟表、眼镜、小型工艺品	3.0
文具、照明器材	6.0
包装食品、药品、书籍、绸布、布匹、中小型电器	7.0
体育用品、旅行用品、儿童用品、电子产品、日用工艺品、乐器	8.0
油漆、颜料、建筑涂料、鞋类	10.0
服装	11.0
五金、玻璃、陶瓷制品	13.0

注：
1. 只有一个售货单位时，库房面积增加50%；
2. 家具、大型家电、车辆类存在面积视需要而定。

1.位置布局

　　商业中心的经营方式和内容决定了仓储空间的布局。

　　储存库房包括总库房、分部库房以及散仓：总库房一般独立于营业厅，存储商品的数量和类型最多，周转周期最长；分部库房与营业空间联系较为紧密，周转周期较短；散仓与营业柜台紧密连接，贮存即时备销的商品。分部库房和散仓应靠近营业区，以利于商品的便捷运输。

2.面积

　　商业中心的仓储面积一般占总建筑面积的30%左右，其大小受到进货方式和经营管理方式的影响，此外，不同的货物也有不同的存储方式和面积要求。

商业中心内后勤通道的设置方式可分为线状和点状。

表52 后勤通道类型比较

类型	线状	点状
平面形式		
特征	结合安全通道，在沿建筑外墙处设置后勤通道以贯通各个店铺，并设有独立的后勤垂直交通，与首层以及地下后勤区域连通	在商业中心内的核心位置设置后勤区域，可以同时服务于周围多家店铺，同时结合疏散楼梯、电梯等形成集约型的功能组团
优点	1.客货流线分区明确； 2.每部楼梯的服务范围大，所需楼梯少	1.占用面积较小； 2.店铺内可开外窗
缺点	1.占用面积较大； 2.店铺内可开外窗受交通影响	1.流线不连贯； 2.所需楼梯多
实例		
	北京财富中心：沿建筑外墙设置一圈后勤通道，与各个店铺连接，同时可以作为安全通道使用；结合疏散楼梯间设置货梯等	北京新中关：建筑内部设置点状疏散核，并与高层交通核结合，后勤动线与客流有重叠

第五章　商业店铺

店铺是消费行为最终发生的场所，也是商业中心租金收入的主要来源。无论是场地规划还是建筑流线设计，其最终的目的就是将购物者吸引入店铺内，完成交易活动。

店铺是商业中心的基本构成单元，按其规模与职能可以分为主力店与一般店铺。此外，随着现代商业的经营模式越来越多样化，一些商业中心内开始出现主力区、去主力店等新形式。

①引力锚固点——主力店：主力店是商业中心吸引力的主体，它为商业聚集起大部分的人流

②业态补充——一般店铺：一些个性化、专业化的小型店铺是主力店的必要补充，丰富了商业的形式与内容，使购物活动更为多元

③吸引方式——店面装修：店铺装修不仅是吸引客流的主要视觉手段，同时也体现了品牌个性与企业文化。

商业中心的业态组合是指商业中心根据自身的定位与策划来确定商业业态的种类以及每一种业态在其中的分布与配比。

业态组合主要涉及三个问题：业态的选择，一个商业中心所承载的功能与涵盖的业态；配比的问题，各业态在商业中心所占比例及每一业态中各个业种数量的多少以及相互的比例关系；落位与分布，各业态在综合体或商业中心的区位与业态之间的相互关系。

随着商业中心经营内容的日益细分，传统"千店一面"的泛化经营模式已经被逐步淘汰，现代商业越来越多地着眼于特定的目标人群，利用明确的市场定位来帮助自身获得差异化的竞争优势。商业定位的实现，最重要的就是根据需求整合资源，对各项业态进行优化组合。

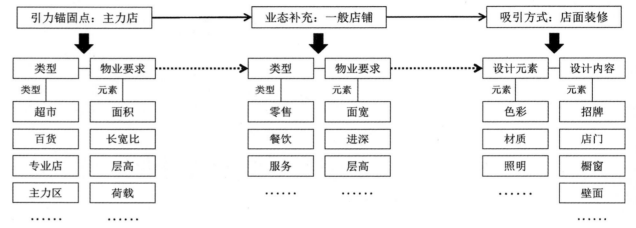

图132　商业店铺设计

表53　各业态分类方式

分类标准	消费产业	主题定位	年龄层级	价格档次	零售类型
分类	零售 餐饮 娱乐 服务 ……	时尚 动感 优雅 潮流 奢华 约会 ……	儿童城 青年城 家庭区 老年区	平价 中低档 中档 高档	超市 百货 专卖店 折扣店 仓储式商场 商业步行街 ……

表54　商业中心不同业态的选择与搭配

商业中心类型	业态内容	设计要素
城市综合体	商业、办公、酒店、住宅、公寓、会展	通常与所处的城市功能区或区域经济有关，如在会议展览区可加强办公、酒店的比重，而在居住区，住宅和商业最为重要
邻里生活型商业中心		侧重于日常的目的性消费，应尽可能多地涵盖生活类零售品类
休闲购物型商业中心	零售、餐饮、娱乐休闲	业态的选择与搭配应保证比例相对平衡
交通依附型商业中心		地铁站点附近的商业中心主要服务于上下班的白领，以中高档消费为主；而在机场、火车站等远途交通站点，商业中心还应为旅客提供特产类的商品

1.业态选择

选择恰当的商业定位，首先要明确各业态的分类。根据不同的分类标准，商业业态具有不同的分类方式。不同分类方式下的业态可以根据相关性进行组合或重叠，例如：针对居住区内的普通家庭消费，可以以"中低档的零售+餐饮"为主，将生活类超市作为主力店，同时辅以儿童区、家庭区等核心家庭消费；而若采用类似于"大型超市+高端品牌店"的形式则显然忽视了目标人群的定位，属于一种无效的业态组合。

不同的业态和品牌对于商业中心有着不同的意义，分别承担着"品牌价值、租金价值、聚客价值"的作用。一般来说，品牌价值、聚客价值与租金价值成反比。其中零售业的吸引半径最小，但租金承受力最强，由于零售业具有规模优势，因而经统一设计之后，可以大批量复制，从而降低每一个单体的成本；餐饮业的商圈稍大，租金居中，因为每建一家门店，人工、物料等都需要另建一套系统，成本要求较高；娱乐业的吸引半径最大，但租金和收益也是最低的。商业中心需要在高租金业态和低租金业态间进行平衡，一般通过低租金业态吸引客流，以高租金业态获取收益。商业中心的商业环境、功能结构与经营定位决定了不同业态的选择与搭配。

此外，对于业态下具体商家的选择应具有广泛的适应性。如万达广场在其招商和业态组合中，就要求必须保证70%的商家在任何一个城市都能受到70%人口的欢迎。

需要注意的是，租金收益或吸引力并不是业态选择的唯一标准，商业中心自身还有品牌形象与环境品质的要求。例如，随着电子商务的发展，实体书店的生存空间受到严重挤压，开始逐渐被市场淘汰，但是部分商业中心仍会以减免租金的方式引入书店，因为他们认为书店的存在可以为商业带来高质量的顾客，同时也可以提升自身的文化品位。再如，奢侈品商店的租金往往低于其他同类店铺，这是因为顶级品牌的加入可以在无形中提升商业的档次与品质，吸引更多购物者的关注。因此，商业中心内往往会存在一些低效益甚至非营利性的店铺，此类店铺的存在对于改善商业环境有着重要的作用。

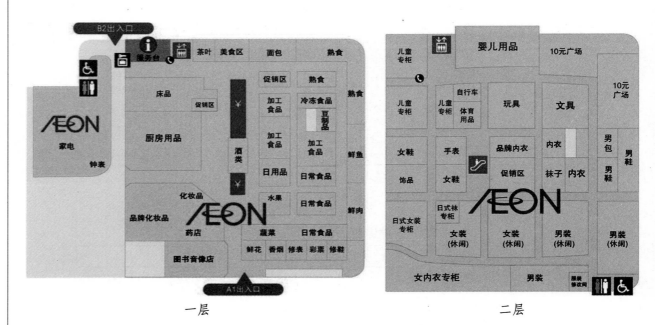

图133　昌平区永旺国际商城一二层平面

实例：昌平区永旺国际商城定位于生活型区域中心，开发目标是满足周边3～5km范围内居民的特定需求，所搭配的业态和品牌都是以多次频繁消费为特征的。因此，其中超市占据了较大的面积，同时还设有宠物店、儿童娱乐世界等日常生活设施。

图134　北京西单大悦城"约会广场"

表55　各商业中心业态组合实例

业态 （万m²）	新中关购物中心	东方广场新天地	SOLANA蓝色港湾	北京石景山万达广场
定位	白领消费	奢侈品消费	周末休闲购物	生活型购物
总面积	4.7	10.2	15.2	9.6
百货	–	0.8	1	2
品牌专卖	2.5	5	5.5	2
餐饮	0.8	1.4	3.2	1.2
超市	0.1	0.4	0.6	1.4
影院	0.5	0.8	0.6	0.8
家居	–	–	0.8	–
家电	–	–	–	0.5
娱乐	–	–	1.4	1.0
教育/健身/美容	0.8	–	0.5	–
体育专业	–	0.5	–	0.5
藏酒/雪茄	–	–	0.8	–
儿童用品	–	–	0.5	–
形象展示店	–	0.8	–	–
其他	–	0.5	0.3	0.2

2.业态配比

一般情况下，商业中心的业态组合遵循5：3：2法则，即零售面积的比例占50%，餐饮占30%，娱乐和其他配套占20%。

业态的组合没有固定的模式，应该根据商业中心的定位、目标客群、周边商业环境等进行适当的调整。当周围有成熟的餐饮设施时，商业中心内餐饮的比例可以适当减少；对于尚未成熟的商圈，增加娱乐和餐饮的比例可以迅速提升人气，极大地缩短商业中心的"养成"周期。

此外，商业中心的公共空间也可看作是一种特殊的业态，参与到空间的配比中。一般来说规模越大、越高档的商业中心，其营业面积比例越低。一般社区型商业中心的营业面积多为55%左右，低于55%则不够经济，但是奢侈品店等特殊情况除外。增加公共空间的比例是提升商业中心环境品质和吸引力的有效途径之一。例如，北京西单大悦城将六层的原"水景空间"打造成465m²的室内立体休闲景观，在购物之余为年轻的消费者提供一个相对私密且环境浪漫温馨的约会场所。目前，西单大悦城在整体上已经拥有超过50%的公共空间。

事实上，业态组合是一个持续的动态过程。在商业中心发展的不同时期，由于其面临的环境和问题不同，其业态组合作为实现商业目标的工具必定有所变化。在开业初期，整体品牌的知名度以及其对周围消费人群的吸引力更为重要，因此在业态规划与配比上，会更多地选择那些能够迅速进驻并能提升人气的业态与品牌；而对于发展相对成熟的商业中心，更重要的是其环境品质和持续盈利的能力，此时对各业态的整体档次与定位会有更高的要求。

一般情况下，商业中心层数为3~6层不等，层数过多会导致上部空间缺乏吸引力，而层数过少又不利于场地的高效利用，所以应根据消费者的购物心理与行为习惯来确定楼层数。位于城市核心区域的商业中心，由于土地价格较高，用地范围受限，适当增加楼层数量有利于提高土地的使用效率，如位于北京核心商业区内的西单大悦城就高达11层。

1.分布方式

由于消费者在同一楼层内的流动更为便捷，因此商业中心的业态分布通常是以水平方向为单位，不同楼层容纳不同的商品，其分布方式可分为按商品类型分布和按主题类型分布，但无论哪一种方式，都是根据商品共性来进行分布的。

表56 商品的共性与分布

按主题类型	按商品类型
与百货的划分不同，按主题分区的商业中心内没有品类的概念，而是按照消费者的购物喜好与倾向，将具有相同风格、价位、设计理念甚至企业文化的品牌组织在一起，形成品牌之间的"混搭"。缺点是其指示性较差，易造成混乱，缺乏组团效应。 在这种分类方式下，服装、鞋包、饰品等会同时出现在同一楼层内，甚至可能彼此交错分布，但是它们仍然具有共同的特征，并分享共同的目标人群。例如北京西单大悦城根据年轻人的消费特征和商品风格划分楼层，选用优雅、性感、潮流等主题词汇对各类品牌和楼层进行划分，而不受品类的限制，在不同楼层上为不同的顾客提供符合其偏爱与喜好的品牌组合	大多数的商业中心按照商品类型分布，即根据不同的商品类型划分出相应的水平楼层，并将同类商品集中布置在同一层。这种方式易于分流，便于顾客快速地找到所需的商品，并能形成商业的组团合力。 购物者的消费特征决定了楼层的布局原则，即按照"吸引力消费——目的性消费——长时间目的性消费"的次序依次提高楼层。客流的运动具有两个基本特征：①泳池效应——相比于向上运动，人更愿意向下；②喷洒效应——将目的性消费场所，如影院、餐饮等布置于建筑顶层，实现与地下超市之间的环形互动。首层是商业中心内商业价值最高的区域，应布置租金承受力最强和展示性最佳的零售业态，诸如珠宝、钟表、高级服饰等；在楼层中部应布置一般的目的性消费，以服饰、百货等大众化商品为主；商业中心的高层需设置长时间目的性消费，如餐饮、电玩、影院等，以引导顾客向上流动，拉动人气

表57 北京西单大悦城主题式楼层分布

楼层	主题	业态
B3	会员服务中心	停车场
B2	前卫	精品超市、创意玩具、时尚美发、裁衣
B1	炫目	彩妆护肤、手表、手机维修、创意家居、美发美甲、轻食小点
1F	优雅	国际品牌旗舰店、生活家居、彩妆香水
2F	性感	彩妆香水、皮具包、格调鞋区、经典配饰、咖啡水吧
3F	潮流	白领时尚服饰、都市少女装、个性服饰
4F	冲撞	潮流女装、流行鞋品、时尚饰品、时尚餐饮
5F	动感	运动旗舰、潮流户外、时尚牛仔、时尚用品
6F	快乐	国际大型快餐区、冰品甜品
7F	约会	情调火锅、时尚餐饮、休闲水吧
8F	美味	美食天地、生活玩具、游乐区
9F	兴奋	音像、图书、数码产品、私人会所、空中游泳池、健身水疗、SPA、酒吧
10F/11F	梦想	首都电影馆

2.楼层典型分布

一般情况下，商业中心采用品类式的组团布局，将同类商品集中布置，形成组团吸引力：

①首层：餐饮、珠宝、高级服饰、专卖店、化妆品、鞋包；

②二层：女装、时尚品牌；

③三、四层：男装、运动服饰；

④五层：目的性消费（美容、教育、健身、餐饮等）；

⑤顶层为娱乐业态，包括电玩、影院；

⑥地下一层为超市、休闲娱乐、餐饮、停车场；

⑦地下二层为停车场、后勤卸货区。

表58　品类式的楼层分布

楼层	地下二层	地下一层	一层	二层	三层	四层
北京石景山万达广场	停车场	家乐福	餐饮，精品服饰，百货，电玩	餐饮，服饰，百货	餐饮，百货，影院	影院
北京新中关	停车场	影城，餐饮，休闲服饰	高级服饰	休闲服饰，餐厅	休闲服饰，餐厅	流行服饰
北京华贸购物中心			珠宝，高级服饰	流行服饰	家居饰品，美容，教育	餐厅，教育培训
北京新光天地	停车场	超市，食品，美食街，图书文具，流行服饰，趣味杂货	国际名品，珠宝，化妆品，女鞋、皮革护理，餐饮	国际名品，高级女装，时尚配饰，餐饮	时尚名品，少女装，餐饮	绅士服饰，流行休闲，运动服饰/鞋，餐饮，服饰修改室
北京新光天地	**五层**	**六层**				
北京新光天地	家居用品，儿童用品，餐饮，新光文苑	特色餐厅				
北京国贸一期	服饰专卖店	服饰专卖店	服饰专卖店，餐饮	服饰专卖店，餐饮		
北京国贸三期	超市，礼品，餐饮，图书	服装，鞋包，饰品，餐饮，影院	精品服饰，珠宝	精品服饰，珠宝	儿童服饰，玩具	餐饮，美容护理
天津大悦城	停车场	超市，家居，餐饮	服饰，化妆品，鞋包	女装，珠宝	男装，电玩，游乐场	影院，餐饮

主力店作为商业中心吸引力的核心与流线的汇集点，很大程度上决定了建筑的基本布局、空间结构和流线组织。

由于主力店的特殊性，一般情况下应先确定核心商家再进行设计施工，在方案阶段由主力店提供入场条件，作为后期建筑设计的指导与参考。当无法立即确定具体商家时，至少应先明确主力店类型，根据行业普遍情况建立相应的技术条件，再按照统一要求进行设计施工，并作为今后入场条件。例如万达所提出的"订单地产"概念，即是指先确定商家再设计施工，并根据业态的标准要求进行设计。这样能够最大限度地减少开发过程中由于商家的变化而导致的建筑设计和施工的变动，也使得商业空间具有最大的适应性。

主力店是商业吸引力的主要来源，其业态通常为超市、百货商场，此外也可以是家居、建材、电器等专业店。

超市是商业中心传统的核心租户，以大众化、低消费、高周转率和连锁经营为特色。在商业中心的业态组合中，以大型超市作为主力店的商业中心所占比例最高，达到30.17%。对于超市而言，最重要的是商品种类分区布置的合理性与便捷性，以实现空间的高效化利用。

1.面积

一般大型超市的面积要求在15000㎡以上，以单层为宜，最多不超过3层。平面形状尽可能规则，以近似方形为最优，既便于货架的布置，又使得视线开阔通畅。由于超市实行开架销售，顾客自助服务，宜将仓库、售卖与顾客空间结合为一体，增加了营业面积的比例，其营业面积可达到总面积的65%。

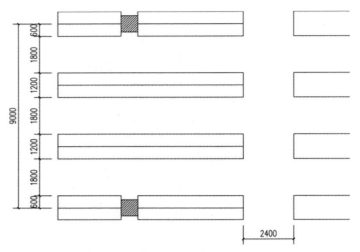

图135 超市中货架与柱网的布局方式

图136 沃尔玛超市货架布局

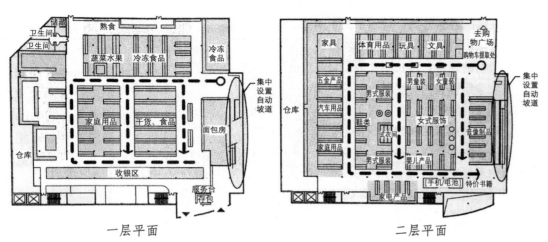

图137　深圳华侨城沃尔玛超市平面

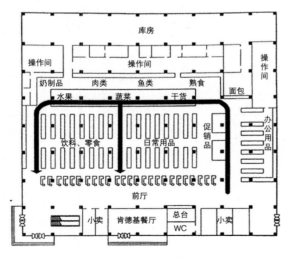

图138　武汉汉阳家乐福超市平面

2.柱距、进深

大型超市的货架布置与柱网直接相关，在设计中需结合购物通道设置货架，最大限度地减少空间浪费。超市货架的进深一般为600mm左右，而平行货架间的购物通道宽度则在1600～2000mm之间，因此按照一个柱跨内布置4排货架、3条通道来考虑，超市的柱距一般以8～9m为宜，且双向跨度相等。此外，大型超市的进深以30～50m为宜。

此外，在许多大型超市中还会出现10m以上的柱距。随着柱距的增大，在相同的建筑面积下，柱子数量的减少增加了空间布局的灵活性，也提高了面积的使用效率。

对于地下设有停车场的超市，其柱距还应结合地下停车位的布置。通常一个柱跨内应停泊3辆小型车，合理的柱距一般为8.4m左右，当其与超市的柱网要求有冲突时，需要有所取舍。

3.层高

大型超市的层高受到其功能、陈设、展示效果等因素的影响，一般层高不低于5m，净高不小于4m。

4.楼层

在商业中心内，大型超市一般布置在地下层或地面一层，同时与地下停车场有便捷的联系。大型超市作为主力店不宜设置直接的室外出入口，而应面向室内步行街的尽端开口，促使人流在商业中心的内部循环流动。

5.布局

对于单层的超市，在平面布局中应将袋装食品及日常生活用品设置在超市的中央，而冷藏、冷冻及需要加工处理的食品则布置在墙面四周，以靠近后勤用房。在两层及以上的大型超市中，一般在底层布置食品类商品，生活用品及耐用品安排在上层空间。

表59 各类大型超市物业要求实例

商家	家乐福	沃尔玛	北京华联	大润发	易初莲花	麦德龙	吉之岛
面积	15000m²以上	一般3层单体建筑，总面积10000～20000m²	12000m²，多层建筑：6000m²/层；库房面积：2000m²；办公区面积：600m²；卸货区面积：300m²	以一层20000m²为最佳，如为2层则单层建筑面积均在10000m²以上，总建筑面积20000～22000m²；大厅面积超过3000m²	10000～20000m²，最好1层，最高2层	10000～20000m²，最好1层，也可2层	8000～10000m²/层，共2层或3层
柱距	10m×10m	9m以上，不低于8m	8m×8m	8～11m	8.7m左右	8.7m左右	12m×12m或9m×9m
进深/面宽	长宽比例为10∶7或10∶6，纵深在50m以上，原则上不能低于40m，临街面不小于70m	纵深在50m以上，原则上不能低于40m，临街面不小于70m			进深60m以上	进深60m以上	
荷载	600 kg/m²以上	800 kg/m²以上	卖场4kg/m²，库房5 kg/m²	商场楼板荷载600kg/m²，收货区、库存区1000kg/m²	1500kg/m²	1500 kg/m²	5 kg/m²
层高	卖场净高不小于5.5m，后仓净高不小于9m	不低于5m，净高在4.5m以上	层高5m以上	层高5.4m以上，使用净高3.8m	层高5m以上，后仓6.8～7.5m	净高5m以上	净高6.5m

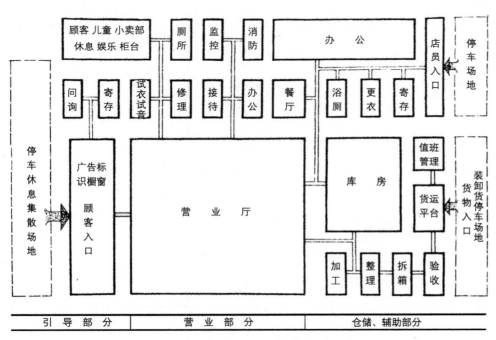

图139　百货商店中各功能空间的组织关系

引　导　部　分　　　　营　业　部　分　　　　仓储、辅助部分

商业中心内的百货商店通常整体出租，交由专业的百货公司经营。

1.空间关系

百货商店的建筑空间一般可分为营业、仓储和辅助空间，此外还应留有临时性的促销展陈空间。百货商店内各功能空间的基本关系如左图所示。

2.面积及配比

百货商店的面积一般在5000～20000m²左右，楼高不小于3层，每层面积通常在5000m²以上。百货商店内各功能区域随着建筑规模的不同和商业性质的差异，在建筑中所占比例不尽相同。一般情况下，大型百货商店由于商品种类繁多，空间构成复杂，其辅助空间和仓储空间所占比例较大，而小型商店则相对简单。

3.柱距及层高

百货商店的柱距一般在8～9m左右，层高通常在4.5m以上。一般情况下，通常会增加首层层高，在入口层形成开阔的空间感受。

4.楼层及分布

百货商店在楼层分布中通常将购物者经常浏览、易于激发购买欲的商品置于首层，而把目的性的购物置于高层，以引导顾客向上流动。

百货商店各层功能的典型分布：

①地下层：食品、糖果、茶叶、蔬菜、水果、鱼肉；

②一层：化妆品、珠宝、高级服饰、鞋包；

③二层：女士服装、流行时装；

④三层：男士服装、体育用品、运动服饰；

⑤四层：儿童服饰、婴儿用品；

⑥五层：文具、书籍、家用电器、音像制品；

⑦六层：生活日用品、厨房用品、工艺美术；

⑧七层：餐饮。

5.营业空间

营业厅是百货商店的核心与主体空间，也是消费者进行购物活动的主要场所，其环境的优劣直接影响着消费者购买欲的产生。在设计中应根据商业的经营性质、营业特点、店铺规模以及目标客群的特征等因素，确定营业空间的面积、层高、柱网布置、货架排列、出入口位置，以及楼电梯等垂直交通的分布。

售货柜台与陈列货架是营业空间的主要设施，其尺度以及相互间的位置关系取决于顾客和营业员的人体尺度、动作、视觉的有效高度以及人与人之间的最佳距离。除此之外，营业空间内各项设施的用色用材、造型风格也应有整体统一的设计。良好的营业空间设计可以创造出特定的商业氛围，起到烘托商品和激发消费者购买欲的作用。

表60 各类百货商店物业要求实例

商家	王府井百货	广百购物中心	铜锣湾百货
面积	总面积30000m²以上，单层面积5000m²以上	经营面积20000m²以上，门前广场面积2000m²以上，中庭（含电梯井）500m²以上	总面积20000～45000m²以上，单层面积6000 m²以上
层高	首层层高不低于5.2m，其他不低于4.8m	首层层高5m，二层以上4～4.5m	首层层高不低于5.5m，二层以上不低于5 m
柱距	7m以上	8m以上	不小于8 m×8 m
楼板承重		400kg/m²以上	不低于450kg/ m²
停车场	200～500个	300个以上	200个以上
配套设施		扶梯、货梯（载重2t以上）、中央空调、消防分区、卸货区、给排水系统、高低压配电设备、消防应急照明、喷淋系统、探测报警系统、排烟系统	扶梯、货梯、中央空调、防火分区、卸货区等
业态模式	①现代综合百货；②主题百货；③城市购物中心；④生活超市		
合作形式	独资、合资、租赁、重组	物业产权关系明晰	合作期限：18～25年

表61　电器专业店空间尺度要求实例

商家	苏宁电器	国美电器	五星电器
面积	3000m²以上	小型店：300～500m²； 中型店：800～1200m²、1600～2400m²； 大型店：2600～3200m²； 旗舰店：4000m²左右	3000m²以上
楼层	地级市不超过4楼 县级市不超过3楼	同苏宁电器	同苏宁电器
停车场	开阔的停车场地		
广场	开阔的门前广场		
配套	合格的消防、供水供电、空调系统，扶梯和货梯（2层以上）		
产权	独立、清晰产权		
经营方式	长期租赁	长期租赁	租期10年以上

表62　家居专业店空间尺度要求实例

商家	百安居	家福特	宜家
楼层	单层	一层或二层	三层： 首层是自选区（自提区），二层是家居用品区；三层是样板间、沙发区、家具区和一个可容纳500人的餐厅
面积	8000～10000 m²	占地15000～30000m² 一层店：建筑面积12000～15000m²； 二层店：建筑面积13000～20000m²； 仓库占地面积1000～1200m²	标准店面积28000～35000m²； 另需要面积为170m²的儿童天地和咖啡厅
层高	层高8.5m，可用净空高度6.2m	一层店：层高8～10m； 二层店：层高15～20m	
柱距/进深/面宽	9m×9m以上	面宽100～150m； 进深100～150m； 呈正方形或长方形	
楼板承重	2.5t/m²	一层店：2.5t/m²； 二层店：1.2t/m²	
停车场	停车位不少于300个	可容纳300～500车位，面积8000～15000m²	800个免费停车位的地下停车场

除传统的超市和百货商店以外，各类专业店、餐饮、娱乐中心等也可以作为商业中心的主力店，成为聚集购物者的场所。在选择非传统核心租户时，必须确保新增的核心租户符合市场的特征与需求，在增加商业吸引力的同时，保证新租户在经济上的可行性。

不同商店的面积规模、柱网尺寸、层高/净高等应根据商品的特点而定。

1.电器专业店

大型的电器类专业店其面积通常在4000㎡左右，楼高1～3层，每层面积约2000㎡，一般布置在首层或高层。

2.家居专业店

家居类专业店的总面积约10000～20000㎡，楼高2～5层均可，单层面积在5000㎡左右，其经营楼层通常以首层为主，层高一般大于6m。此外，由于家居类商品的特性，家居专业店对于楼板的承重要求较高。

3.其他非百货类商店

非百货类商店主要包括家具、家电、建材等专业商业。

由于主力店的租金水平普遍较低，因此为了提高物业的总体收益，在一些商业中心内，由其他类型的店铺或承担某一共同职能的店铺群（如餐饮、零售等）来代替主力店的作用，即去主力店。这种形式常见于主题型或娱乐购物等强调特色的商业中心。例如，北京西单大悦城内没有主力店，而是依靠多个面积在800～1000m²的中型店来替代引力锚固点的作用。

去主力店的形式通常适用于那些成熟的核心商圈，由于商圈自身已经能够吸引足够的消费者前来购物，而商业中心可以借此分享商圈中的人流，因此主力店的聚客作用被削弱，进而被次主力店或主力区替代。

表63 其他非百货类商店主要租户面积

商店类型	规模范围（ft）	规模范围（m²）
家居店（Biggs，宜家）	＞150000	＞13935
仓储俱乐部（Sam's，Costco）	110000～135000	10219～12542
一般折扣店（Kmart，Venture，Wards，Wal-Mart，Target）	100000～130000	9290～12077
家庭装修店（Home Depot，Lowe's，Hechinger）	100000～130000	9290～12077
超级中心	125000～180000	11613～16722
综合店(Kroger，Alberson's，Vons，Giant，Fiesta，Ukrops)	55000～75000	5109～6968
体育用品（Sportstown，Oshmans，Sports Authority，REI）	50000～60000	4645～5574
门类商品展览厅（服务商品）	50000	4645
玩具类（Toys "R" Us）	45000	4180
白色商品（亚麻制品，床上用品，家居用品）	35000～50000	3251～4645
家具（家居）	35000～40000	3251～3716
婴儿商品（婴儿超级商店）	3500	3251
家用电器（Circuit City, Best Buy）	32000～58000	2873～5388
书店（Borders，Barnes & Noble）	25000～45000	2322～4180
软商品	25000～45000	2322～4180
超级宠物店	20000～35000	1858～3251
电脑店（CompUSA，Computer City）	25000～45000	2322～4180
办公用品（Office Max，Staples，Office Depot）	20000～45000	1858～4180
运动鞋店（World Foot Locker，Nike Town）	20000	1858
音乐店	15000	1393
药店	8600～15000	799～1393

表64　专卖店设计的三个基本原则

均好性	个性化与整体性	灵活性
"均好性"即客流资源的均享，是指各商业业态之间、不同品牌产品之间以及内部商业布局的平衡性与协调性，达到店铺间相互带动和促进的目的。实现店铺"均好性"的先决条件是合理的内部流线，保证每一家租户的易通过性，避免出现不合理的"死角"和尽端路。此外，不同的业态具有不同的吸引力，这就要求在进行业态定位和搭配时，应根据购物者的消费特点进行合理的安排，将容易吸引人气的业态均衡布局，使之对整个项目起到带动作用，避免出现商业中心内冷热不均的情况	店铺的设计要根据商品的特点塑造出具有个性的空间，运用包括店面、地板、墙面、顶棚、橱窗等要素，实现空间的差异化，成为吸引顾客的重要视觉手段。但另一方面，当大量的店铺被同时组织在同一建筑空间内时，过多的风格与元素会让人产生混乱的感觉，破坏内部空间的协调性。因此在沿街店铺设计中应处理好个性化与整体性的关系，形成多样而统一的连续界面	商业中心的营业空间往往需要不断地重新规划以适应后期的经营变化，例如租户的更新或重新选址，店铺面积的扩大或减小等情况。租赁情况的变化会要求通过改变商业空间的布局来改善店铺的组合关系，以释放出高度需求的"热点"，留给那些能提供更高租金的租户，从而使空间的使用更为集中高效。因此，店铺的设计应该为商业空间的划分提供弹性空间，例如租户间的隔断应采用方便拆除的建筑材料和施工方法，能够为将来空间的重新分配提供方便。此外，诸如水房、空调间、洗手间以及楼梯等空间都应靠在尽端墙体，以保证不对商业空间的再分割产生干扰

表65　专卖店设计要素

柱距、面宽、进深	面积	层高
商业中心内的非主力店空间通常划分成小型单元进行出租，出租单元的规模、面宽、进深等与柱距直接相关。较小的柱距可以降低造价，但是不利于店铺的灵活分割和空间布置，因此商业中心的柱距一般为8～9m。此外，带有地下车库的商业中心还应考虑柱网布置与地下车库的结合。通常停放3辆汽车至少需要7.8m的宽度，一般以8.4m的柱网最为常见。商业中心内出租单元的常见面宽一般为3m、4.5m、6m，进深在9～10m左右。当店铺后部布置有后勤通道和储藏室，或店铺两端临街时，可以适当地扩大进深	商店的单元面积由柱距决定，其尺寸大约为4m×9m，相邻单元可以合并使用，一般的非主力店以100m²左右最为常见	商业中心的层高通常在4～5m左右，考虑到0.6～0.9m的设备层，其吊顶间净高一般不低于3.3m。此外，建筑首层作为人流汇集的场所，适当地扩大层高可以营造出开敞明亮的感觉，给购物者以良好的第一印象，一般来说首层层高不应低于4.8～6.4m

非主力店一般分布在步行街两侧，借助主力店带来的人气从事商业活动。由于商业中心的步行街没有"最好的临街面"，这一模式促使购物者在步行街内均衡分布并形成洄游。通过对沿街店铺的设计与布置可以激发和维持购物者的兴趣，刺激冲动型消费的产生。沿步行街布置的专卖店其设计有三个基本原则。

1.柱距、面宽、进深

良好的沿街展示面有利于吸引更多的购物者进入店铺。由于商业中心步行街的长度是有限的，因此需要适当地限制单元面宽来保证尽可能多的租户面向步行街。但是过大的进深也会造成店铺的后端空间缺乏吸引力。因此，应在保证单位面积销售量不受影响的情况下，尽量采用面宽小、进深大的店面。此外，柱子一般不宜落在店面线上，否则会给店面设计带来干扰。

商业中心内出租单元的常见面宽一般为3m、4.5m、6m，进深在9～10m左右。当店铺后部布置有后勤通道和储藏室时，或店铺两端临街时，可以适当地扩大进深。

2.面积

对于商业中心而言，出租单元的规模应控制在需要的最小合理范围内，租户可以通过租用相邻的空间来扩大店铺面积，增加空间使用的灵活性。

3.层高

商店的层高在一定程度上取决于建筑风格、面积大小、平面形式、空调设备、租户类型、客流量等因素，不同的层高营造出不同的空间感受。

餐饮是现代商业的重要组成部分，它为购物者在逛街的间隙提供饮食休闲服务，其规模和价位与整个商业中心的规模与定位相关。餐饮能够扩大商业的吸引力，大规模组团式的餐饮中心甚至可以成为商业中心的主力区，为商业带来大量的人流和销售额。

商业中心内的餐饮主要以快餐店和咖啡厅为主，其设计要点包括：

①当设在楼层上部时，应与其他店铺共用电梯和自动扶梯；当设在楼层下部时，如地下餐饮广场，应有独立的出入口。

②当设在中庭时，设计应能吸引购物者的驻足停留，以增加空间人气。

③当位于商业中心角落或沿步行街布置时，在注意视线通透的同时还应保证空间的相对独立性和私密性。

④当设在室外时，应与室外步行街、绿化等相结合，形成良好的室外休闲区。

⑤餐饮类商家由于其经营方式的特殊性，对于店铺空间的要求较高，所需预留的风管、上下水等面积较大，不利于水平布置，因此可以采用垂直分区的方式，布置在商场的边缘或者上下楼层。

表66 餐饮类商家选址要求实例

商家		麦当劳	肯德基	必胜客	星巴克	味千拉面
商圈选择		商业区、商住区、写字楼区、交通枢纽；临街，场地开阔、进出方便	同麦当劳（跟进战略）	大城市及发展潜力较好的中小城市内的商业区、商住区、写字楼区、交通枢纽或旅游商圈	省内一类城市市区，市内核心的商圈，商圈内展示面好，核心位置	
物业要求	经营面积	400m²左右	350m² 门面面宽12m	单层450~480m²，双层500~600m²	面积150m²，首层为宜	200m²以上 1~3层为宜
	物业形状	尽量方正或整齐、临街有大窗	同麦当劳			
	层高	层高不小于3.5m	净高不低于3m		层高4m以上	净高大于4.5m
	柱距	6m以上				8~10m
	楼板承重	部分区域500 kg/m²，大部区域350 kg/m²	厨房负荷为450kg/m²，餐厅区活荷载为250 kg/m²	大于450kg/m²		大于350 kg/m²
	供电供水	提供或有位置建设给排水、排油、排污管道 配电负荷：250kW	200kW的用电量，25t水/天，提供或有位置建设给排水、排油、排污管道	供水需2分管，排水需要4分管。水压2.5~3.5kg，保证每天20t供电250kW	给排水/排油/排污/烟道 供配电负荷：100kW	给排水接驳到位，设置排污、排油井、隔油池及排油烟井道等设施，供配电应符合国家标准
	硬件设施	提供室外安装空调和排烟机位置	提供室外安装空调和排烟机位置，提供两条电话线路			自动扶梯2~6部 消防安全通道1~2个
	停车位	有停车位（专用最佳，公用也可）	提供临时卸货车位			
	其他	外墙可设置店标和指示标	门脸上方提供招牌安装位置，餐厅温度冬天应不低于15℃，夏天不高于25℃，春秋季应在20~25℃	留有排烟出口，可放通风机，需安装8台十匹机，有放置外机的地方	有招牌位及广告悬挂点	中央空调，200~220kcal/m²，预留空调机位简装，毛坯
合作方式		直营或加盟，租赁15年或以上，免租期商议	直营或加盟 租期10年以上	直营	租期10~15年	租期15年 免租期12个月

表67　商店卫生设施设置参考表

	顾客卫生间		店员卫生间	
	男卫生间	女卫生间	男卫生间	女卫生间
洗脸盆	1个/600人	1个/300人	1个/35人	1个/35人
污水池	1个	1个	1个	1个
大便位	1个/100人	1个/50人	1个/50人	1个/30人
小便位	2个小便斗/100人或1.20m宽小便槽/100人	至少设1～2个抽水马桶	1个小便斗/50人或0.60m宽小便槽/50人	至少设1～2个抽水马桶

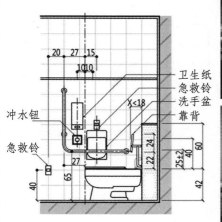

a 无障碍卫生间侧立面图

b 无障碍卫生间实例

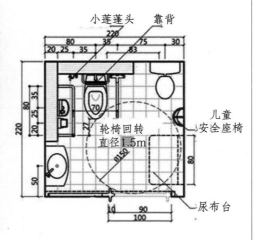

c 无障碍卫生间内加设亲子卫生间

图140　无障碍卫生间

1.卫生设施

商业中心的人流量大、停留时间长、使用频率高、人员状况相对复杂，其卫生设施的布置需要结合实际需求进行人性化设计。

室内步行街卫生间的间距在80～100m左右，根据步行街长度一般设置3～5组卫生间，每组卫生间面积约70～100㎡。步行街的卫生间应尽量与主力店合用，并设置在较隐蔽的位置。

商业中心内每层应设置至少一处无障碍卫生间，方便行动有缺陷的人群使用。此外，在条件允许的情况下，可以设立第三卫生间，主要服务于一些特殊人群，比如男性照顾年迈的母亲，女性照顾父亲，或者母亲带着儿子，父亲带着女儿等，卫生间需设有明显的标识。

由于无障碍卫生间的使用频率一般较低，因此可以选择加入其他设施使其功能泛化。如在无障碍卫生间中增加婴儿尿布台、儿童座椅等，就可以成为亲子卫生间，方便带孩子的顾客使用。

2.服务台

服务台作为直接面对顾客的服务部门，其设置宜接近顾客的主要出入口与必经的通道，处于醒目位置，但需要避开人流大量聚集处，以免影响到人流的顺畅通行。此外，服务台也可与其他辅助服务设施相结合，如托儿室、母亲哺乳室、等候休息区等。

3.服务走廊

设备用房包括空调设备间、变配电室、消防控制室等，通常与仓储用房一起设置在服务走廊内，并且不直接对营业区域开放。

随着商业的发展，娱乐和休闲设施逐渐融入零售业中，也对商业中心有着越来越重要的作用。例如电玩、影院、溜冰场、健身、会所、展览、教育、美容等娱乐休闲业态可以吸引几乎所有年龄段的顾客，促进商业中心吸引力的多元化、扩大消费市场，提高重复到访率，还可以帮助商业中心形成其鲜明的主题特色。目前的商业中心开发普遍高档化、雷同化，而娱乐性相对不足，适当地增加娱乐业态所占的比例，能够让商业中心真正成为人们享受生活的场所。

娱乐休闲作为目的性消费的业态，通常被布置在步行街的一端或建筑的上层，以此来组织和引导人流，而不应单独布置在小块的独立场地上。此外，娱乐休闲业态还往往与其他延伸的品牌店结合在一起，诸如产品展示店、纪念品店、特色礼品店等，激发购物者即时的冲动消费。

影院的数量和规模应根据相应的指标确定，包括基本观众人数、每个观众每年看电影的场数、每年放映天数、每天放映场数、年平均上座率、经济水平、消费能力、文化消费能力，生活习惯、自然环境等。

影院通常由观众厅、大堂、售票处、休息厅及其他设备用房间组成，此外影院还应设置零售、餐饮、服务等配套设施，不能让观众专为看电影而来，看完电影却无去处。

表68 北京各主要影城规模

影院		区位	面积	观众厅数	座席数
星美国际影城	金源店	海淀区金源时代购物中心五层	10889m²	7个厅	1315座
	分钟寺店	丰台区新业广场二层	3519m²	9个厅	1102座
	回龙观店	昌平区华联商厦三层	3000m²	6个厅	1100座
	望京店	朝阳区望京商业中心A座四层	7140m²	7个厅	1130座
	世界城店	朝阳区金汇路8号B1层02室	6000m²	11个厅	1408座
金逸国际影城	中村店	海淀新中关购物中心B1层		7个厅	868座
	朝阳大悦城店	朝阳大悦城八层		10个厅	1300座
	新都店	海淀区新都购物中心一层		6个厅	872座
	双桥店	朝阳区汇通时尚购物中心五层		10个厅	889座
影联东环影城		东直门东环广场B座B1		4个厅	412座
首都时代影城		西长安街首都时代广场B1		4个厅	868座
东方新世纪影院		王府井东方广场地B1东侧		6个厅	831座
万达国际影城		朝阳区万达广场8号楼三层		9个厅	1505座

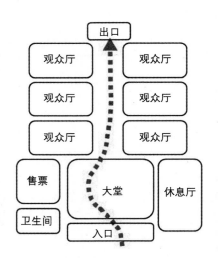

图141 影院的基本空间结构

表69　影院各区域标高要求

区域	放映厅（大厅）	放映厅（一般）	入场/散场走道	大堂/休息厅	放映机房
合理高度	12m以上	9.8m以上	3.2~4.5m	5.5m以上	3.6m以上
最佳高度		12.5m	4.2m	8m	

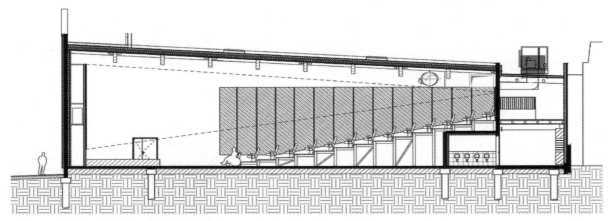

图142　影院典型剖面图

图143　万达影院放映厅内部

1.层高

　　影院对建筑的层高有特殊要求，并且直接影响到观众厅及银幕大小，不同的观众厅、入场/散场通道、放映机房及结构设计的要求可能产生多种剖面组合。

2.楼板承重

　　①电影放映厅：400kg/m²；

　　②放映室：400kg/m²；

　　③空调设备室：500kg/m²。

3.入场/散场方式

出入场交通顺畅是影院设计的重点：

①正进侧出：紧急出口不宜设在靠近银幕或干扰观众视线的位置；

②侧进侧出：适用于几个放映厅相邻的情况，应在火灾等情况下能使观众及工作人员迅速疏散；

③应急出口不宜设在银幕后侧。

表70 影院选址要求实例

商家	大地影院	金逸影视
商圈区位	二、三级城区中主要商圈，3km内不少于20万人城市商圈，有独立的垂直交通	成熟商圈或有潜力的商圈，购物中心内
面积	1500m²	3000~6000m²（不含夹层面积）
层高	净高不小于6m	层高9m以上（可2层打通）
柱距	柱距不小于10m	
楼层分布	顶层，不高于6层	3~5层
楼板承重	400kg/m²	450kg/m²
配套设施	给水排水/排油/排污/烟道消防安全到位供配电负荷：300kVA	给水排水/排油/排污/烟道，供配电负荷：250~380kW，有相对独立的垂直电梯
装修要求	毛坯	毛坯
交通停车		与商场主通道相连，门面宽12~20m
经营方式	自营；租期15年，免租6个月；租金面议	自营；租期20年；保底租金和票房提成

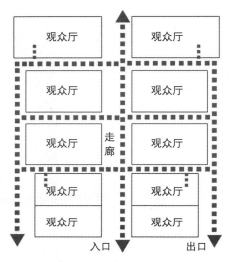

图144 影院观众厅组合

图145 北京新中关地下层影院

图146 北京西单大悦城顶层影院

表71　溜冰场物业要求

总面积	以1500～2500m²为主
冰场面积	冰场面积大多在800～1200m²之间，但近年来，冰场面积有趋大化倾向，1200～1500 m²的大型冰场不断增加
辅助设施面积	更衣室、休息室、器材仓库以及水吧等辅助面积与冰场面积比应至少达到1：1，1：1.5 更佳，其中机房面积约100m²，位置靠近冰场
层高/柱距	冰场内要求无立柱，层高一般在9m以上，不得低于6m
楼板沉降	冰面位置须下降500mm，用于冰面的制作，以保证完成冰面与附属区域地面保持水平
人数	滑冰人数最多可容纳300～800人
荷载	冰面结构层载荷为650kg/m²，冰车动载荷为600kg/m²，人员载荷为35kg/m²，制冰机房载荷为1000kg/m²

溜冰场作为大型的室内游乐场所，占用空间大，对物业要求高。

除影院、溜冰场外，商业中心的娱乐休闲设施还包括儿童游乐场、KTV、电玩城、展览馆等。

图147　北京朝阳大悦城室内溜冰场

图148　北京三里屯Village展览中心

图149　北京石景山万达广场KTV

图150　北京朝阳大悦城儿童城

第六章　吸引力营造

6.

　　"逛街"是一个连续性的过程，从购物者看到商业中心标志开始直至离开，整个过程构成了完整的购物体验。吸引力系统的作用就是将其中的各个阶段顺畅地串联起来，让购物者自然而然地流动于其中。

　　商业中心的吸引力系统通过对人们视觉的吸引与暗示，引导其购物活动按照商家既定的流线与过程进行。与商业中心的建筑设计相同，吸引力系统也可以分为"城市，建筑，店铺"三个层次，其过程分别对应"视觉关注——流线引导——刺激消费"三个部分：

　　①视觉关注：吸引城市中过往人流的目光，提升商业中心的认知度，挖掘潜在顾客；

　　②流线引导：结合建筑流线的设置，以视觉引导为辅助手段，吸引购物者进入商业空间并沿既定流线运动；

　　③刺激消费：通过室内装修、展陈设计等方式激发顾客的购买欲。

　　在城市层面，商业中心依靠醒目的建筑造型与户外广告来吸引关注。

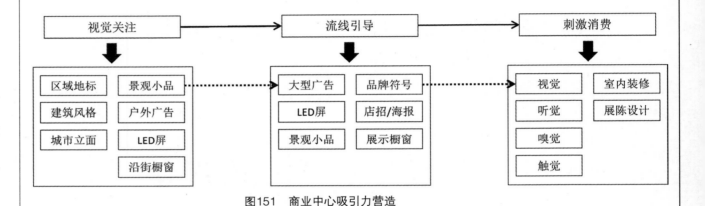

图151　商业中心吸引力营造

图152　北京三里屯Village：前卫个性的建筑风格与缤纷绚丽的色彩，加之独栋建筑间纵横交错的连接，形成了受年轻人欢迎的时尚街区

图153　重庆洪崖洞：洪崖洞建筑群以最具巴渝传统特色的"吊脚楼"为主体形式，依山就势、沿江而建，再现老重庆的真实风貌，它在承担商业中心的职能之外，更成为城市中心独具特色的景观地标

1.建筑形象

商业中心作为新兴的城市地标，首先通过其整体的建筑形象来吸引城市中的人流。

如何确立自身的个性与风格，打造成为城市或区域的核心地标，同时避免大众化的审美疲劳，是商业中心在吸引力营造中需要首先解决的问题。现代的商业建筑在其设计中往往通过丰富的色彩、奇异的体形、风情化的设计以及高科技的材料或手段，为购物者营造出一种热烈的商业氛围与前卫的商业意识，从而在繁华的都市中依然能够吸引人们的注意力。

（1）时尚化

现代的商业中心设计越来越受到年轻化与时尚化的影响，在建筑设计中常常采用形体的变化、色彩的混搭和材料的对比等手法，使人们从不同的角度体验到空间和时间的变化，以此来彰显商业自身的特质。譬如体量化的建筑造型给人以时尚化的感受，而立面设计中的网格元素则体现了商业建筑前卫的个性。

（2）传统化

以传统建筑为依托的商业中心具有独特的魅力与吸引力，尤其在日益强调本土化设计的今天，如何表达城市的传统风貌成为商业建筑的设计方向之一。反映传统城市生活的商业中心，不仅带给人们一种全新的商业购物体验，也为人们展示了当地的传统文化生活。

传统化的商业中心设计，通常采用当地传统的建筑形式与材料，同时结合现代商业的特征，构建出传统建筑形式下的现代化商业氛围，使建筑自身呈现出新的逻辑关系与审美价值。

（3）旧建筑再利用

城市的发展是一个不断更新和变化的动态过程。在这种新陈代谢的过程中，商业元素的进入，既为旧建筑注入了新的活力，也为商业建筑的设计带来了不同于以往的全新风格与理念。不同于那些千篇一律的商业中心，城市历史地段的旧建筑再利用，以其别具一格的空间环境和富有吸引力的创意商品来满足购物、休闲和旅游者的需要。

商业中心通常需要有大型的室内空间，因此工业厂房等大体量建筑是改造的优先选择。除了具有工业化特色的建筑空间以外，厂区内所保留的高耸的烟囱与林立的厂房，也成为商业中心独特的标志。一般来说，由工业厂房改造而成的商业中心，其商业定位与建筑风格通常具有鲜明的主题与个性化的特质，并且影响着其中所经营商品与所提供服务的内容。

2.户外广告、景观小品

户外广告、景观小品等也是吸引客流的重要元素。

广告与店标、橱窗等是商业中心向城市传递信息的重要媒介，也是最主要的宣传手段之一。它将企业的标志、品牌特征、商品信息等与周围环境结合起来，全方位地展示给顾客与城市，成为视觉系统上的吸引要素，引导顾客进入综合体或商业中心。

图154　成都宽窄巷：宽窄巷在保护老成都传统建筑风貌的基础上，形成了汇聚生活体验、高档餐饮、宅院酒店、公益博览、娱乐休闲等多种业态的"院落式情景消费街区"，设计者希望将其打造成为"老成都底片，新都市客厅"

图155　北京石景山万达广场建筑CI

图156　北京西单大悦城建筑CI

表72　广告和标志颜色选用参考

衬底色	文字色	最大辨认距离（m）	衬底色	文字色	最大辨认距离（m）
黄	黑	114	绿	白	104
白	绿	111	黑	白	104
白	红	111	黄	红	101
黑	黄	107	红	绿	90
白	黑	106	绿	红	88
红	白	106	黄	绿	84

商业中心的视觉吸引由4个层次组成，包括：建筑CI——广告招贴——橱窗展示——店铺招牌等，构成一个从大到小、由远及近的完整系列，并且随着购物者流线的深入和购物活动的继续而不断变化，以应对不同环境下吸引力的要求。

需要注意的是，商业中心的一层立面应以通透的玻璃为主，增强展示性，而一层以上则以实体为主。由于零售、影院、KTV等均不需要对外开窗，因此这些位置的外墙可作为广告位、LED屏使用。一方面商家有在建筑外立面设置广告的需求，更多的广告位对于招商有利，另一方面，广告位也可以带来额外的收入。此外，建筑周边不宜有高大的乔木，以避免对商业的展示面造成遮挡。

（1）建筑CI

建筑CI是商业中心的标志，在视觉吸引过程中能够第一眼即抓住购物者的视线，是应用最广泛、最核心的元素。

①识别性——基本功能，利用独具个性的标志，是区别于其他同业者的标志

②领导性——建筑CI是视觉传达要素的核心，其余视觉要素都应以建筑CI为中心而展开

③统一性——可以帮助企业树立统一的形象，尤其对于系列开发的商业地产，可以引起购物者过往的印象

（2）广告

广告包括大型的户外广告牌、灯箱广告等，其主要目的就是向城市中的人流传递商业信息，对商家及其商品进行宣传展示。

广告位的设置需满足商业中心内主力店及次主力店等的需求，并需要进行一定的数量控制，一般应结合场地人流和视线分析设置在面向人流及路口处，既可成组布置，又可以拆分出租。户外广告尤其是立面广告，需要结合建筑的立面设计把广告元素融入整体设计语言当中，使广告位位置、组合形式及边框处理等有机生长于建筑立面中，并作为建筑细部来考虑。

（3）LED屏

相比于传统的户外广告，LED屏具有动态的展示特征与视听效果，其宣传性能更佳。例如万达广场的建筑设计就要求在户外广场上有至少100m²以上的大型电子显示屏。

LED屏一般面向人流较集中的广场及主要道路、并临近商业中心的主入口，具体位置及尺寸须结合商业中心的规划设计而确定。为了达到最佳的展示与宣传效果，LED屏应通过视线分析来确定悬挂高度与位置，一般在商业中心二到三层处，当高度过高时可以适当向下倾斜以面向来者。出于维护及检修的需求，LED屏表面与后面墙体间应留一定的宽度作为检修空间。

图157　北京新中关的大型户外广告

图158　北京石景山万达广场LED屏　　　　图159　北京朝阳大悦城LED屏

图160　北京新中关橱窗展示

图161　北京华贸新光天地橱窗展示

图162　北京西单大悦城橱窗展示

（4）橱窗展示

橱窗是商业中心形象设计的重要语言，既能满足商家沿街展示的需求，同时又能丰富立面造型。

首层的商家可以结合橱窗对建筑玻璃及外墙进行主题化设计，让建筑外部形成浓郁的商业氛围。富于设计感的橱窗能够在第一眼抓住顾客的视线与注意力，在传递商品信息的同时营造出自身的特质与品质感，为商家的宣传带来事半功倍的效果。

此外，当建筑规模过大或视觉距离较远时，橱窗展陈作为细部设计容易被忽视，因此商家可以将品牌标志作为橱窗展示的主体，尤其对于知名度较高的品牌，如奢侈品、快消品等，其品牌本身就是最具吸引力的展示。

在商业中心内，吸引力系统的作用就是不断激发购物者继续探索的兴趣，引导人们不断流动，去接触更多的商品。

1.招牌海报

当购物者在进入商业中心后，纷繁林立的店招海报就成为商家吸引购物者、渲染商业氛围的重要措施。

店招一般以文字和标识为主，包括海报、装饰物、横幅等元素，它是商家用以塑造品牌形象的重要手段。大多数的品牌连锁店有着其特定的店招与店面设计，可以给购物者留下鲜明的印象与一目了然的特征。

此外，店招还可以向购物者展示商品特色，引导人们进入店铺。商业中心的店招设计是构成室内环境的要素，必须在建筑设计中统一规划、分级设置，同时还需要兼顾各商家的个性化需求。

图163　室外店招

图164　室内店招

图165　餐饮业店招

图166　北京东方广场屋顶花园：花园由裙房的屋顶和周边的塔楼构成，其中的绿化与水景不但将自然引入至建筑群，而且也形成了场地内最重要的室外休闲空间与环境优美的塔楼入口。屋顶花园的设计使得广场在组织各功能流线的同时也营造出了良好的室外环境

图167　北京新中关室内水景：水景的设置将室内空间室外化，为顾客在购物之余提供了宜人的休闲空间，同时透明的玻璃水池与其中的游鱼也成为上下层视觉联系的纽带

2.景观绿化

　　景观绿化具有良好的观赏性，可以提升商业中心的环境品质与吸引力，并能为购物者提供身心上的舒适感和愉悦感，使其在不知不觉中增加停留的时间和购物的机会。

　　通过布置地面种植、空中花园、屋顶绿化等方式，同时结合地形配置五彩缤纷、形态各异的种植景观，为购物者营造出环境优美的休闲场所。此外，种植的层次应满足人的视线观赏习惯，由近到远种植高度由低到高的植物，不能造成压抑的感觉。同时，在品种的组合上应选择色彩艳丽的组团形式，营造热烈的气氛。

在绿化景观的配置中，除了审美的需要，还应考虑到与商业功能的配合。作为城市道路与商业广场之间缓冲区域的绿化带需要有足够的宽度。在配置植物时，需要从不同方向进行观测，注意避免高大乔木对于商业展示面的遮挡，并通过植物的形态来引导视线朝向橱窗或百货等的入口。

此外，水体的利用也是环境营造的重要手段。水作为一种灵动的因素，形态自由，在景观设计中具有吸引人的"磁性效果"，尤其是位于广场中央的喷泉，往往成为视觉的焦点，能充分展示商业的活力。

图168 成都宽窄巷子水景

图169 北京华贸中心步行道

3.建筑小品

　　建筑小品是塑造和限定空间的元素，也是场所中视觉的聚焦点，它可以向人们传递各种信息，包括地域特色、风土人情、商业品牌文化等。

　　雕塑小品一般位于广场内醒目的位置，在作为景观装饰的同时还起到视觉引导的作用，成为统领整个室外环境的主体。同时，这种视觉焦点便于形成一定的空间氛围，赋予广场以公共精神。

图170　北京华贸中心步行街广场

图171　北京东直门来福士入口门厅

　　引导顾客进入店铺消费是吸引力营造的最终目标。

　　店铺作为交易活动的最终场所，是流线引导与视觉吸引的终点。因此，店铺的设计必须使其能够成为商业中心内瞩目的焦点，同时也要展现出品牌自身的风格与特征。从招牌、橱窗设计到室内装修、陈设设计，从视觉、听觉甚至是嗅觉、触觉，都应以刺激购物者的感官、触发消费为目标。同时，创意性、个性化、差异化的店铺设计，可以为购物者带来全新的购物体验，留下深刻印象，鼓励人们再度到场消费。

图172　北京国贸中心店铺设计　　　　　　图173　成都宽窄巷子店铺设计

图174　北京新中关店铺设计

图175　北京国贸三期

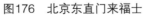

图176　北京东直门来福士

1.色彩

色彩作为一种装饰手段，不受空间的限制，而且运用灵活，易于营造出商业中心的个性与风格。地面与墙体的色彩构成了商业中心的主色调，而商品、装饰物、照明等的颜色则成为点缀与补充。

不同的色彩可以营造出不同的空间感受。明度高的暖色有突出、前进的感觉，而明度低的冷色则给人凹进、远离的印象。如当空间高大空旷时可采用暖色系的墙面，提高亲切感；当空间狭小时选择冷色系，可以增加进深感，赋予空间开阔的感觉。此外，运用不同色彩还可以对空间进行划分。

色彩还能影响人的心理感受，营造不同的商业氛围。暖色给人热烈喧闹的感觉，适用于面向年轻人的场所；浅色作为背景，朴素而简洁，可以烘托出商品的丰富多彩；深色的运用则体现出一种时尚与现代风格。例如，明亮色彩的地板和顶棚使得建筑具有开敞明亮感和整洁感，商品和广告也更突出；采用米黄系列可以营造酒店般豪华气氛，但需要大量室内照明；灰色或黑色背景显示出时尚率性的风格；风情化的色彩和材质细部可以展现出舞台布景的效果。

2.材质

现代商业建筑中空间界面的质感与肌理需要通过材料来表现。材质是人的视觉和触觉所接触的直接界面，也是空间界定的重要元素。不同的材质具有不同特征、质地、纹理、色彩与构造，会给人以不同的质感和心理感受。材料的选取应有助于商业空间整体风格和环境氛围的营造。

①粗糙的材质具有稳重、厚实的感觉；

②光滑的材质形成整洁、明快的空间形象；

③镜面石材可以营造出豪华、富丽的气氛；

④透明材料给人以明亮、开敞、轻快的感觉；

⑤玻璃、镜面等材料的运用，可以使得空间产生扩大和延伸的效果；

⑥木材具有朴实、亲切、温馨、典雅的特点，会给人以复古、休闲的感受；

⑦钢材和玻璃营造出时尚、现代的氛围。

3.照明

照明可以营造出适宜的环境氛围，突出展陈的商品，吸引顾客的注意力。商业中心照明一般可分为人工照明和自然采光。人工照明具有可控性，易于创造多样化的商业氛围，而自然采光的环境则更为舒适，可以营造出与自然亲近的感觉，同时还能节约能源。

商业空间内的照明要求：

①光源应具有良好的显色性，能够展现商品特性；

②增加空间的表现力和吸引力；

③尽可能利用天然采光，节约能源。

图177　成都宽窄巷子以砖木为主要建筑材料，并利用传统的建筑院落空间与装饰手段，形成亲切而富于生活气息的步行街氛围

图178　北京东方广场室内步行街以石材和玻璃为主要装饰材料，营造出奢华高档的购物环境

图179　北京西单大悦城　　　　　图180　北京华贸中心新
　　　　　　　　　　　　　　　　　　　　　　　光天地

图181　北京石景山万达广场　　　图182　北京西单大悦城

图183　北京华贸中心新光天地　　图184　北京西单大悦城

4.建筑元素

在不改变空间格局的情况下，通过对某些建筑元素进行特殊化的设计与处理，就可以形成完全不同的空间感受，这是吸引力营造中简单有效的手段。

（1）自动及扶梯

自动扶梯是商业空间造型的重要元素，不同类型的自动扶梯形式会产生不同的空间氛围。此外，部分商业中心内还采用了跨越多层的飞天梯，既增加了空间的趣味性，又可以引导顾客向上运动。

（2）景观电梯

景观电梯通常位于中庭一侧或建筑外立面，由通透的玻璃构成，具有较强的开放性与装饰作用。

（3）廊桥和平台

廊桥和平台的造型多样，自由的形式与组合穿插可以增加空间动感，并且通过对空间的划分与暗示创造出独立、安静的子空间。

第七章　电子商务发展下的商业中心设计

7.

从集市、商街到城市综合体，商业中心发展至今都是作为商品交易的空间载体而存在的。而今天随着科技的发展，电子商务作为一种新的交易媒介开始逐渐为大众所接受，它的出现不仅改变了传统的面对面式的商品交易模式，也培养了人们新的购物习惯。2012年，京东商城的销售额约为600亿元，而同年万达百货销售额则为130亿元，可见这种新商业模式的快速发展与扩张已经对传统的实体商业造成了巨大的影响。

无论是虚拟的电子商务还是实体的商业中心，本质上都是商品交易的平台。电子商务并没有脱离传统的零售业，而是在新的技术条件下所形成的新的商业模式。就像传统观念中书是写在纸上的，如果要看书就必须把写书的纸一起买回去。但是现在，手机、电脑等的迅速普及完全改变了这一情况，使原本被绑定在一起的内容与形式得以剥离开来。现代技术的进步提供了承载媒介的多样性，这一点同样适用于零售商业的发展。

因此，电商的作用就是将原本直接接触的、面对面式的交易活动转移到虚拟的网络平台中，但其中发生的内容并没有实质的变化。购物者由三维空间中的"逛街"活动转变为屏幕上鼠标的点击与网页的切换，虽然二者的经营媒介与交流形式截然不同，但其内在的商品交易规律却没有本质的改变。

表73 电商网站与商业中心设计比较

类型	电子商务网站	商业中心
规模与分布： 在保证顾客购买兴致的同时使得商业面积最大化	网页长度：位于网页上部的商品更容易受到关注； 跳转连接次数：过多的跳转连接会使购物者失去寻找商品的动力，因此分类不应超过三个级别	楼层的高度：楼层越高，越难引导购物者向上流动； 步行街的长度：过长的步行街会使购物者逐渐疲惫，失去购买兴致
品类规划： 按照吸引关注度、购买频率、利润效益等对商品进行排序布局	①图书、音像、数字商品； ②家用电器； ③手机、数码； ④电脑、办公； ⑤家居、家具、家装、厨具； ⑥服饰鞋帽； ⑦个护化妆； ⑧礼品箱包、钟表、珠宝； ⑨运动健康； ⑩汽车用品； ⑪母婴、玩具乐器； ⑫食品饮料、保健食品； ⑬彩票、旅行、充值、游戏	①餐饮、珠宝、高级服饰、专卖店、化妆品、鞋包； ②女装、时尚品牌； ③男装； ④运动服饰； ⑤目的性消费（美容、教育、健身等）； ⑥餐饮； ⑦娱乐（电玩、影院）； ⑧地下一层为超市、休闲娱乐、餐饮、停车场； ⑨地下二层为停车场、后勤卸货区
外观设计： 聚焦注意力	网站页面： ①塑造品牌形象； ②引导分流作用	建筑外立面： ①吸引过往人流的注意； ②成为城市地标
推荐及活动： 促进购物者消费	用推荐商品和活动促销的方式，让购物者在首页尽快对某个产品感兴趣	通过展示、促销等活动，激发购物者的购买冲动

表74 电子商务与实体商业的比较

类型	实体商业	电子商务
用户群	全年龄段	18～40岁
商品类型	服饰、珠宝、日用品、家居、家电、餐饮等，几乎涵盖所有业态	电子类，受网购冲击最大的零售行业；服饰类，网购第一大种类；图书；家居用品……
用户体验	实物试用、体验	利用图片、声音来改善体验
便捷性	受到空间距离、交通状况、气候等的限制	只需"网线+鼠标"就可以完成购物
商圈范围	有特定的商圈和消费人口，通常只局限在本地市场	突破空间的限制，获得最广阔的市场，有网络的地方就有电商的存在
规模扩张	受到选址、资金、建造等的制约，开店周期一般不少于14个月	只需建设好相应的仓储物流体系即可，扩张速度快
营销策略	4C理论，即消费者的需求和欲望、成本、便利和沟通	4P组合，即产品、价格、渠道和促进
购物成本	必须由顾客亲自到场，包括时间成本和交通成本	"零成本、零时间"地接触到所有商品信息，随时随地进行购物
资源占有	需要占用一定规模的空间来支持经营	没有任何空间规模，只占有人们的时间资源
成本与价格	生产成本+仓储运输+中间商+店铺租金+人力成本	生产成本+仓储配送+较低的人力成本

（1）电商平台是虚拟化的商业中心

自营模式的大型电商，如亚马逊、京东商场等类似于传统的百货商场，商品从采购、仓储到销售完全自控；而联营模式下的电商，如淘宝则更像是商业街中的租户，由平台商提供"租赁柜台"，品牌商可以自主上传商品信息、定价，并选择性地将仓储、配送、售后等服务交给电子商务的平台来管理。

（2）"搜集商品信息—比较与选择—购买商品"的购物流程

无论是虚拟平台还是实体商店，其所服务客群的消费心理与购物习惯并没有改变，购物者依旧遵循着D.I.霍金斯的消费者决策过程模型，即由物质或精神需求产生购买的欲望，再通过货比三家的方式来选择产品与商家，最终完成交易、获得满足。

（3）电商的运营模式与培育商圈的模式类似

在电商网站或商圈建立的初期，都需要引入知名品牌来提示自身形象与影响力，同时投放广告、吸引客流，而当商圈成熟、人气聚集后，会自然吸引其他后续商家的进驻，经营者可根据自身发展的需求自主选择入驻品牌。

（4）电商网站与商业中心的设计原则相似

1.电子商务与实体商业的差异

尽管电子商务与实体商业都是商品交易的平台，但
是从面对面的购物方式到虚拟的网络平台，二者的交易
模式发生了很大的改变，因此在具体的表现形式上有很
大差别。

传统零售业受到电商的冲击，并不是因为其经营的
内容失去了吸引力，而是因为陈旧的商业模式在新技术的
面前失去了原有的竞争力。事实上，现代人对购物的需求
比以往任何时候都强，传统的实体商家要想找到新的增
长点，就需要转变固有的商业模式。

（1）差异化竞争

尽管科技的发展使得网络购物的优势日益显著，但
它同样也具有无法避免的局限性——虚拟的平台始终无法
像实体商业那样给予购物者以实物的体验与真实的感受。
虽然电商具有价格低、品类全、方便快捷等诸多优势，但
二维的影像始终无法满足购物者现场挑选、展示、试穿、
使用等的现实要求，在这一点上商业中心具有不可替代的
作用。无论何时何地，消费者终归是喜欢先试后买的，这
是最基本的消费心理。

因此，为了应对日益发展的网络购物，传统的商业
中心更需要突出自身体验性的优势，从单一的零售百货向
体验式的商业转变。

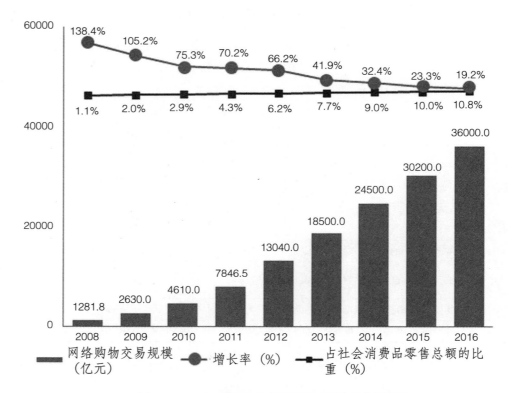

图185　2008～2016 年中国网络购物市场交易规模
（数据来源：艾瑞网，2012～2016年为预算规模）

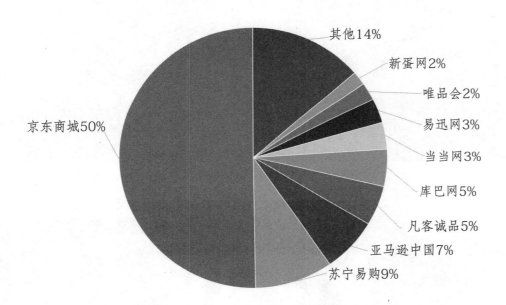

图186 2012年Q2中国自主销售为主B2C交易规模市场份额
（数据来源：艾瑞网）

（2）调整品类组合

虽然电子商务的崛起对于传统商业造成了极大的冲击，但值得注意的是，电商对于不同行业的影响是不一样的。如今，我们在商场中已经很难找到销售书籍、CD的实体店，而数码产品也正逐渐步其后尘。诸如书籍、手机这样标准化程度高、时效性不强而质量差别小的商品，更适应低成本的电商平台，而那些强调体验性、即时性以及新鲜度的货品，则仍然依赖于实体的商业店铺。因此，传统的实体商业必须对自身的商品类型做出相应的调整，以应对全新的商业环境。

避开在电子商务中已经成熟的商品类型，发挥自身实物展示、现场交易的优势，是商业中心品类升级的关键。那些不可被取代的商品通常表现出两个特征，一是对新鲜度要求高，二是实体感知强。通过对购物网站的研究可以发现，电商所提供的商品种类对于时间这一因素并不敏感，即便是食品也通常是具有较长保存期限的袋装食品。反之说明，即便电商提供了最短的配送时间，人们仍然会选择在超市或菜市场中购买新鲜的瓜果蔬菜。同样，中高档的、个性化的商品消费和体验也是网络购物所无法替代的。对于大额的、奢侈性的消费，人们通常表现出谨慎的态度，并愿意花费更多的时间和金钱来保证所购买商品的质量，体现在商品交易中就是对实体感知的要求。因此，对于中高档的品牌商而言，实体店铺仍然是其主要的销售渠道，电子商务只是辅助手段之一。

不同的商品类型具有不同的特征，适合于不同的交易平台。因而，在商业中心的设计开发中应该有差别地来对待不同的商品类型，区分哪些是用来吸引客流，哪些是增加租金收入，而哪些则是提升自身形象，适时地调整其组合与配比，进而才能在建筑空间设计中作出相应的反应。

（3）强化体验性业态

实体商业的最大优势之一就是为消费者提供了现场体验的机会。尤其对于娱乐服务类的业态来说，如餐饮、影院、教育、游乐等，都要求消费者必须亲自到场，在特定的空间内才能完成消费，这些都是无法通过"网线+快递"来实现。

体验性业态能明显增强消费者亲临现场购物的动力，其具体优势表现为：

①集客能力强，互动性较强的体验式业态可以更好地吸引消费者参与其中，为购物中心提供人流支持；

②延长消费者在商业中心内的停留时间，增加购物的可能性；

③提升其他相关业态的人气，如电影院会吸引前来观影的消费者在其周边就餐或进行其他活动，这就会对影院周边的餐饮、书店等业态起到推动作用；

④有效缩短新项目的市场培育期，如一些品牌性较强的电影院和溜冰场，会在开业前期有效地带来人流，加速商圈的成熟。

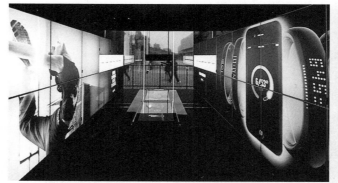

图187　位于伦敦的NikeFuel Station耐克数字化互动体验店

图188　位于纽约布鲁明戴尔的 Swivel virtual dressing room 虚拟试衣间

图189 北京三里屯village

图190 北京西单大悦城

（4）营造空间与氛围

在现代的商业社会，价格和便捷性并不是商品交易的全部，购物的意义不仅是购买商品，同样也是消费闲暇时间，愿意牺牲效率去享受购物带来的快乐和休闲。在周末与家人或好友一起去大型的购物中心，带孩子玩游戏、购物，陪老人吃饭、看电影，这种生活方式正逐渐成为都市人的一种消费习惯。

在这样的背景下，商业中心的内容与功能逐渐脱离了单纯的零售服务，而转变为周末娱乐休闲的目的地。从某种意义上来说，商业中心也可以被看作是城市中的主题公园，其设计最重要的就是通过引人入胜的空间与热烈欢快的氛围聚集起大量人流，从而带动周围店铺的商品销售。不同于屏幕上的二维体验，商业中心为购物者所营造的是全方位的、现实的氛围体验与空间感受。反应在建筑设计中，首要的就是增加公共空间的面积比例，这是提升商业中心环境品质和吸引力的有效途径。一般来说，普通的社区型商业中心其营业面积占总面积的55%～60%，而要营造一个体验式的商业中心，其公共面积比例不应低于50%。其次，还应该形成个性化、风情化的主题空间设计。对于商业中心而言，主题化是一种潜在的、看不见的支持，在千篇一律的商业空间中，主题化满足了人们寻找新的刺激的情感需求。典型的案例如北京的三里屯village与西单大悦城，虽然二者的空间形式与建筑风格完全不同，但在打造城市休闲购物这一目标上却是一致的。

2.优势互补

虽然现阶段实体商业与电子商务间存在彼此竞争的关系，但二者的目标都是服务于商品交易，因此相互结合、优势互补才是更有利的发展方向。传统的实体商业具有可试用、可体验的优势，而电子商务则提供更廉价、更便捷的服务，二者的融合会带来全新的商业模式。

（1）线上线下一体化

线上线下一体化，即实体店铺的展示+网络购物的便捷+社交媒体的传播是可预见的未来的零售业模式。一方面，购物网站将线上的消费者带到实体的商店中去，在线上支付购买商品和服务，再由线下承担体验和展示的功能。另一方面，实体店对于商家展示品牌形象、保持销售增长具有重要作用，这是电商所无法替代的。因此，实体店会越来越多地承担起"产品体验店"的功能，更强调展示与体验的作用，即租户在商业中心开店，更多的是为了品牌形象的展示，其次才是销售，这无疑将影响到实体商店的功能和环境的设计。

由于展示功能的加强和销售功能的弱化，商家需要更多的橱窗与展台来展示商品，更多的试衣间来服务顾客，而仓储、后勤的作用则随之减弱甚至消失。对于建筑设计的影响，则是店铺的面积与进深减小，但橱窗展示面会大大增加，以延长顾客与商品的接触面。此外，由于实体店作为销售渠道的作用被削弱，因此商家也不再一味追求绝佳的商业地段，而是选择适合自身的选址，甚至可以开设在办公楼之中。这使得商业中心内不同区位的店铺其商业价值呈现出匀质化的特征。比如地段和楼层的因素被减弱，以往各楼层间的租金差距很大。在新的商业模式影响下，选址间的差距会逐步减小。

美国一家名为Bonobos的网络服装店推出了一项新的服务，它提供实体商店来接受顾客的试穿预约，而顾客在试穿之后仍需在网上完成购买订单

图191　BONOBOS 试穿预约页面

图192　BONOBOS 体验店

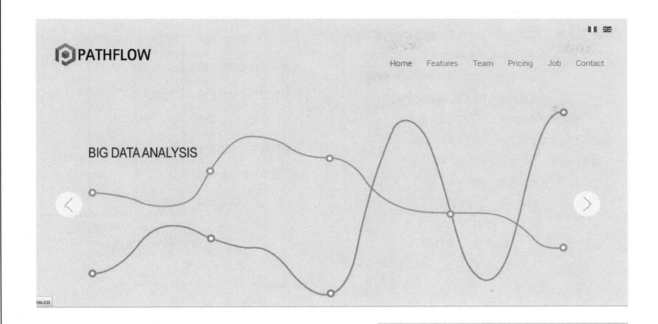

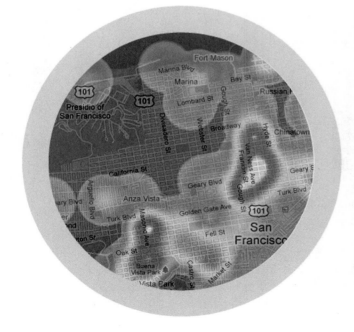

图193　PATH FLOW系统

　　PATHFLOW 是一款利用店内监视系统，基于大数据技术的商业信息分析系统。

　　此系统主要包括三个部分：店内监视系统，数据服务器，数据分析系统。通过将监视器与服务器相连接，服务器内的数据分析系统可对长期积累的店内商业信息进行有效的分析，生成可视化的图表，并最终帮助业主制定商业决策。

　　例如，数据分析系统可对监控视频信息进行分析并生成热区图来表现店内客流路径与停留位置等信息。业主可利用此信息提高店内人流效率，强化用户体验，从而更有效地营造商业引力核心。

（2）利用大数据的优势

　　电子商务除了价格、便捷性等显著的优势之外，还有一个容易被人忽视的问题，那就是强大的数据收集和分析能力。电商对于数据的利用，可以为商业创造更多的价值与收益。

　　就像亚马逊通过对自身用户数据的分析，研究他们在看什么、买什么，从而向用户提供相关的产品推荐与定向的广告投递。人们在网上购物时通常会有这样的体验，当你将商品放入购物车中，网站就会提醒你"购买这一商品的用户通常也购买了另一类商品"。这种方式类似于传统商业中对于不同商品的布局与安排，商家通常将相似或相关联的商品布置在一起，形成专门的品类区，以激发购物者的冲动型消费。不同的是，传统商业中品类排布的概念是基于长期的实践与经验，而电商则源于对数据的精确分析。如果在传统的实体商业中利用电商的数据优势，就能更为准确地获得购物者的信息以便对其购物心理、喜好与行为进行预测，并恰当地反映在建筑设计之中，包括最受欢迎的品牌与业态选择的联系，购物时间、数量与建筑规模的联系，共同购买的商品与空间分布的联系等等。

　　对于大数据的利用除了影响建筑的整体空间，同样也可以帮助我们对建筑细部进行精细化的设计。例如有些商家会在店内安装监控系统，这样不仅增加了店铺的安全性，还能跟踪记录在商店内客户的流动以及他们的停留位置。商家利用这些信息就可以设计出店面的最佳布局并判断营销活动是否有效。

信息技术的完善使得人们的购物活动变得更加自由
与随意。由于人们可以方便地在任何时间、任何地点进行
购物，因而候车、用餐、工作间隙等零散时间就可以被重
新利用起来用于购物。典型的实例就是杭州地铁所推出
的"跑码场"服务，在上班族每天都要经过的地铁站内建
立起虚拟超市，将商品以实物的方式进行展示，同时利用
二维码技术存储商品信息与购买链接，人们只需要用手机
拍下二维码就能方便地实现购物，而商品将被后台服务部
门配送至指定地址。

购物方式的改变会使新的商业中心完全不同于以往
的概念。人们对于购物便捷性、随机性的要求，将使得商
业中心的选址将更加依附于地铁等日常人流汇集、通过的
场所。同时，建筑空间得到最大的简化，只需保留展示用
的橱窗，而不再包含后勤、服务等功能区域。这种转变会
促使传统的商业中心变得灵活而多样，以适应不同的环境
条件与购物需求，而不再拘泥于一定的规模与形式。

总而言之，无论是电子商务还是实体商业，二者都
是商品交易的平台。然而由于其具体经营模式的不同，造
成了二者竞争中不同的优势与劣势。因此，在商业中心的
建设中，应转变传统的经营模式，充分发挥体验性优势，
避免形成平台间的直接竞争，同时借鉴电商的优势与经
验，提升自身的购物体验与吸引力，才能获得新的发展。

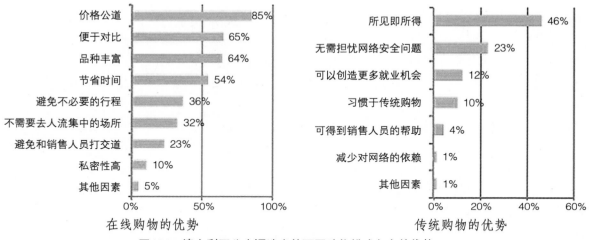

图194　澳大利亚公众评选出的不同购物模式各自的优势

（图片来源：http://www.ey.com/）

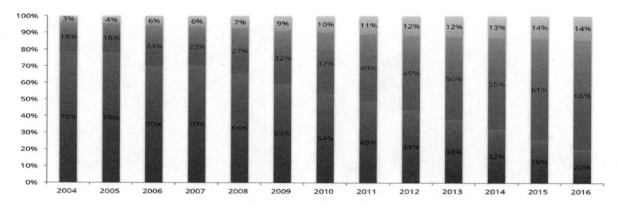

图195　在网络购物影响下的服装市场的转变预测（表格来源：http://www.forrester.com）

■线下消费 ■受网络影响的线下消费 ■在线消费

在线购物无疑对传统零售业带来了巨大的冲击，但是由于物理因素，在线购物同时具备着无法逾越的
障碍。其中，在线服装销售的缓慢增长就是最鲜明的例子。美国咨询统计机构FORRESTER预测，截止到
2016年，美国本土受网络信息影响的线下服装交易额将从2004年的18%上涨至66%。因此，可以从一个维
度预测，传统消费模式不会被完全淘汰，而商业中心仍将是未来城市的重要组成部分。

附　录

参考文献

专著，译著

[1] 顾馥保.商业建筑设计.北京：中国建筑工业出版社，2008.
[2] 王晓，闫春林.现代商业建筑设计.北京：中国建筑工业出版社，2005.
[3] 张伟.商业建筑.北京：中国建筑工业出版社，2006.
[4] 龙固新.大型都市综合体开发研究与实践.南京：东南大学出版社，2011.
[5] 刘念雄.购物中心开发设计与管理.北京：中国建筑工业出版社，2001.
[6] 许安之，艾志刚.高层办公综合建筑设计.北京：中国建筑工业出版社，1997.
[7] 建筑设计资料集.北京：中国建筑工业出版社，1994.
[8] 韩冬青，冯金龙.城市·建筑一体化.南京：东南大学出版社，1999.
[9] 鲁睿.商业空间设计.北京：知识产权出版社，2006.
[10] 韩放，李浩，何泽.商业购物空间设计与实务.广州：广东科技出版社，1998.
[11] 盖永成，郭潇，郑曙旸.商业空间设计.北京：中国水利水电出版社，2011.
[12] 日本建筑学会.建筑设计资料集成.天津：天津大学出版社，2007.
[13] 林恩·梅舍.商业空间设计.北京：中国青年出版社，2011.
[14] 美国城市土地利用学会（ULI）.购物中心开发设计手册.肖辉译.北京：知识产权出版社，中国水利水电出版社，2004.
[15] Jerde事务所，巴尔.零售和多功能建筑.高涵，杨贺，刘霈译.北京：中国建筑工业出版社，2010.
[16] 菲利普·科特勒.市场营销原理（第11版）.郭园庆等译.北京：清华大学出版社，2007.
[17] 德尔·霍金斯.消费者行为学.符国群，吴振阳等译.北京：机械工业出版社，2011.

期刊文章

[18] 马园沁.超大型商业综合体的设计之路.山西建筑，2009（10）.
[19] 刘晓晖，李先逵.国外当代商业建筑的多元设计类型与设计倾向.建筑学报，2005（7）：79-82.
[20] 张耀.现代商业步行街浅析.南京林业大学学报，2002（12）：54-56
[21] 邓雪娟，刁弥.商业步行街计回顾与思考.建筑学报，2002（4）.
[22] 马震聪.城市购物中心的交通组织.南方建筑，2004（2）：23-25.
[23] 方正，程彩霞，卢兆明.性能化防火设计方法的发展及其实施建议.自然灾害学报，2003（2）.
[24] 沈建武，刘学军，陈良琛.城市大型商业设施交通影响分析.武汉大学学报（信息科学版），2002（8）.

[25] 郑云扬，钟延芬.从交通方面分析购物中心的选址.山西建筑，2009（05）.
[26] 韩玉鹤，李绍岩.大型商业综合交通体系构建策略分析.城市发展研究，2008，（S1）：69-72.
[27] 徐进.商业建筑的公共开放空间.山西建筑，2004（10）.
[28] 武扬.购物者心理与行为在商业建筑设计中的体现.建筑学报，2007（1）.
[29] 王鲁民，姬向华.消费社会下的综合性商业建筑特征研究.华中建筑，2004（8）.
[30] 王军，任晓庆.商业建筑外观设计——商业气氛的营造.重庆建筑，2011（12）.
[31] 马园沁.超大型商业综合体的设计之路.山西建筑，2009（10）：21-23.
[32] 陶筱玲，李豪.商业步行街空间设计.华中建筑，2007（2）：105-107.
[33] 王慧.加拿大SHOPPINGMALL的商业流线设计.中华建设，2008（7）：40-41.
[34] 李蕾.层的消解与重构——无锡通惠路步行街综合商业项目设计解读.建筑学报，2009（12）.
[35] 李振华.城市商业综合体业态设计的新趋势.广东建材，2010（7）.
[36] 刘念雄.环境魅力与社会活力的回归——欧美以购物中心更新旧城中心区的实践与启示.世界建筑，1998（6）：20-24
[37] 刘念雄.商业建筑的公共开放空间.新建筑，1998（4）：24-27
[38] 刘念雄.论步行商业空间室内化.建筑学报，1998（8）：43-46
[39] 费腾，施勇.购物中心交通空间的表现形态.低温建筑技术，2006，（04）.
[40] 于红霞，徐科峰.浅析交通系统设计对步行商业街商业价值的影响.商场现代化，2008（9）.
[41] 蓝充.关于商业公共空间的本土化设计.社科纵横，2005；（10）.
[42] 王艳，缪飞.中等城市新型购物中心状况分析及对策研究——以桂林联达商业广场为例.四川理工学院学报（社会科学版），2009（8）.

学位论文

[43] 李康.城市综合体中人性化商业交通空间设计[硕士学位论文].大连：大连理工大学，2011.
[44] 黄珂."整合"——商业综合体设计研究[硕士学位论文].重庆：重庆大学建筑城规学院，2010.
[45] 邹瑜.城市商业步行街设计研究[硕士学位论文].重庆：重庆大学建筑城规学院，2010.
[46] 杨晶晶.购物中心的购物流线与空间建构[硕士学位论文].西安：西安建筑科技大学，2008.

[47] 姜峰.当代城市商业综合体室内步行街设计研究[硕士学位论文].西安：西安建筑科技大学，2009.

[48] 张波.关于商业建筑中庭设计分析的研究[硕士学位论文].乌鲁木齐：新疆大学，2010.

[49] 李博.当代商业建筑入口空间研究[硕士学位论文].成都：西南交通大学，2006.

[50] 宋之云.城市步行商业街区情境化设计研究初探[硕士学位论文].杭州：浙江大学，2003.

[51] 曹杰勇.商业建筑中庭空间设计研究[硕士学位论文].西安：西安建筑科技大学，2003.

[52] 杨煜辉.空间与行为互动下的商业建筑[硕士学位论文].武汉：武汉理工大学，2002.

标准，规范，图集

[53] 建筑设计防火规范GB 50016－2006
[54] 高层民用建筑设计防火规范（2005年版）GB 50045-95
[55] 商店建筑设计规范JGJ 48－88
[56] 电影院建筑设计规范JGJ 58－88
[57] 北京地区建设工程规划设计通则
[58] 《建筑设计防火规范》图示05SJ811
[59] 《高层民用建筑设计防火规范》图示06SJ812

图片来源

第一章

图1　http://baike.baidu.com/view/555803.htm
图2　(美) 菲利普·科特勒，市场营销原理(第11版)[M].李季,赵占波译.北京：清华大学出版社，2007.
图5　http://www.qvb.com.au/about-qvb
图6　http://www.xidanjoycity.com/about/truevision.html
图7　www.festivalwalk.com.hk/sc//about-us/#about-festival-walk
图9　http://baike.kaiwind.com/shishang/xianfeng/201305/19/t20130519_879865.shtml
图10　http://www.thegate.cn/thegate/AboutUs/104.asp
图11　http://www.thegate.cn/thegate/AboutUs/105.asp
图12　http://news.hexun.com/2011-12-04/135961869.html
图13　http://www.dfo.com.au/Homebush/Stores/Tarocash/
图20　http://www.bjfao.gov.cn/yhjw/city/europe/Rome/21680.htm
图22　frbbs.yuanfr.com
图25　http://virtualofficefaq.files.wordpress.com/2011/11/2009-tree-1-courtesy-of-tishman-speyer-photographer-bart-barlow.jpg
图26　http://www.ivsky.com/tupian/beijing_cbd_wandaguangchang_v5464/
图27　http://www.sofitel.com/zh/hotel-6215-sofitel-wanda-beijing/index.shtml?utm_source=contemporan#
图28　http://www.visitbeijing.com.cn/shopping/arcade/n214682459.shtml
图29　http://bj.house.sina.com.cn/biz/zy/2009-02-10/1258736.html2
图30　http://www.cyjoycity.com/pinpai_detail.php?id=4
图31　http://www.yokas.cn/ka/k9-305.html
图32　http://www.lhmart.com/index.html#

第二章

图34　谷歌地图
图35　http://2.bp.blogspot.com/-0WWacGrWUsA/TZH0ZI_embI/AAAAAAAAAyg/Ip6vKCHV_EE/s1600/1024_East%2BShinjuku%252C%2BTokyo%252C%2BJapan.jpg
图36　http://www.domaintoday.com.au/n/bencandy.php?fid=77&id=135235
图37　http://ilovustrip.files.wordpress.com/2013/01/nyc-condos-near-times-square-clinton.jpg
图38　http://www.domaintoday.com.au/n/bencandy.php?fid=77&id=135235
图39　http://sydney-eye.blogspot.com/2011_03_01_archive.html
图40　http://ritzcarltonbeijingfinancialstreet.com/wp-content/uploads/2012/01/Wangfujing-Street.jpg
图41　谷歌地图
图42　谷歌地图
图43　谷歌地图

第三章

图45　www.jnyl.org.cn/photo/北京市石景山规划图.html
图46　http://dcbbs.zol.com.cn/62/14_614714.html
图47　谷歌地图
图48　http://hk.pclady.com.cn/baike/1205/818334.html
图51　http://bj.soufun.com/
图60　百度地图

图70　《北京地区建设工程规划设计通则》
图79　http://plaza.wanda.cn/
图80　http://plaza.wanda.cn/
图82　商业中心楼层图
图83　商业中心楼层图

第四章

图89　http://img4.bbs.szhome.com/uploadfiles/images/2009/07/06/
　　　 0706155738286.jpg
图94　http://wenku.baidu.com/view/86a5bc4ccf84b9d528ea7ac1.html
图95　http://img4.bbs.szhome.com/uploadfiles/images/2009/07/06/
　　　 0706155738286.jpg
图107　http://wenku.baidu.com/view/e71a39795acfa1c7aa00cc5e.html
图123　杨焰文，罗铁斌，大型购物中心空间形态布局的建筑消防设计策略分
　　　　析——以四个大型综合商业项目设计为例[J].南方建筑，2011.3.
图124　杨焰文，罗铁斌，大型购物中心空间形态布局的建筑消防设计策略分
　　　　析——以四个大型综合商业项目设计为例[J].南方建筑，2011.3.

第五章

图133　http://www.aeonbj.com/lczn.asp

图135　http://www.huxiu.com/article/12942/1.html
图137　王晓，闫春林编著.现代商业建筑设计[M].北京：中国建筑工业出版
　　　　社，2005：130，133.
图138　王晓，闫春林编著.现代商业建筑设计[M].北京：中国建筑工业出版
　　　　社，2005：130，133.
图139　王晓，闫春林编著.现代商业建筑设计.北京：中国建筑工业出版
　　　　社，2005：63.
图140　吴明修.都市环境与行动不便厕所之泛用设计.
图144　http://www.dezeen.com/2013/01/25/cinema-32-by-encore-heureux/
图145　http://www.chezhilv.cn/hainan/bencandy.php?fid-279-id-1880-
　　　　page-1.htm

第七章

图187　http://www.onformative.com/work/nike-fuel-station/
图188　http://www.microsoft.com/en-us/news/features/2012/sep12/09-
　　　　07nyfashionweek.aspx
图189　news.takungpao.com.hk
图190　http://bbs.unpcn.com/showtopic-356629.aspx
图191　http://www.bonobos.com/guideshop
图192　http://austin.culturemap.com/news/fashion/08-07-13-bonobos-
　　　　menswear-guideshop-storefront-2nd-street/
图195　www.pathflow.co/how-does-it-work.html